U0657715

山东省科学研究和技术服务业事业单位统计分析报告 2023

山东省创新发展研究院◎著

科学技术文献出版社
SCIENTIFIC AND TECHNICAL DOCUMENTATION PRESS
·北京·

图书在版编目（CIP）数据

山东省科学研究和技术服务业事业单位统计分析报告
. 2023 / 山东省创新发展研究院著 . -- 北京 : 科学技
术文献出版社 , 2024. 8. -- ISBN 978-7-5235-1752-9

Ⅰ . G322. 752; F279. 244. 4

中国国家版本馆 CIP 数据核字第 2024897J3B 号

山东省科学研究和技术服务业事业单位统计分析报告2023

策划编辑：张 丹	责任编辑：韩 晶	责任校对：张 微	责任出版：张志平

出　版　者　科学技术文献出版社

地　　　址　北京市复兴路15号　　邮编　100038

出　版　部　（010）58882952，58882087（传真）

发　行　部　（010）58882868，58882870（传真）

官　方　网　址　www.stdp.com.cn

发　行　者　科学技术文献出版社发行　全国各地新华书店经销

印　刷　者　北京地大彩印有限公司

版　　　次　2024 年 8 月第 1 版　2024 年 8 月第 1 次印刷

开　　　本　889×1194　1/16

字　　　数　341千

印　　　张　21

书　　　号　ISBN 978-7-5235-1752-9

定　　　价　168.00元

序　言

　　为科学全面地反映山东省科学研究和技术服务业事业单位科研活动开展情况，推动创新调查成果应用，山东省创新发展研究院组织编撰完成《山东省科学研究和技术服务业事业单位统计分析报告 2023》。报告重点围绕 2022 年度山东省科学研究和技术服务业事业单位科研活动情况、研发经费情况、科技人才情况、创新能力情况，以及科技活动统计调查数据编写，是分析和研究山东省科学研究和技术服务业事业单位情况的资料工具书。报告原始数据来源于国家科技统计在线调查平台，能够比较客观、真实地反映 2022 年度山东省科学研究和技术服务业事业单位发展情况。报告在编辑过程中得到了国家科技统计数据中心、山东省科学技术厅、各市科学技术局的大力支持和帮助，在此我们表示衷心感谢！

《山东省科学研究和技术服务业事业单位统计分析报告 2023》编辑部

2024 年 7 月

C目 录
Contents

第一章　2022年度山东省科技服务业事业单位① 科研活动情况分析

党的二十大报告指出，加快实施创新驱动发展战略，加快实现高水平科技自立自强，以国家战略需求为导向，积聚力量进行原创性引领性科技攻关，坚决打赢关键核心技术攻坚战，加快实施一批具有战略性全局性前瞻性的国家重大科技项目，增强自主创新能力。高水平科技自立自强和自主创新能力的提升根源在于科技活动的积极发展，科技服务业事业单位是全社会三大研发主体之一，集聚了全省大部分的科研资源，在推动地区科技进步、促进经济发展等方面发挥着重要作用。本书对2022年度山东省科技服务业事业单位科技活动指标进行分析研究，以期发现"十四五"期间山东省科技服务业事业单位科研活动发展特点和存在的问题，并提出相应对策建议。

一、人员分析

2022年，山东省科技服务业事业单位共268家，较上年增加41家，同比增长18.06%。其中，有R&D活动单位220家，占全部单位的82.09%。科技服务业事业单位从业人员共有30 502人，较上年增加4308人，同比增长16.45%；科技活动人员共有25 372人，较上年增加3769人，同比增长17.45%；R&D人员共有23 466人，较上年增加4089人，同比增长21.10%；R&D人员折合全时工作量为19 381人年，较上年增加3377人年，同比增长21.10%。

---

① "科学研究和技术服务业事业单位"书中简称为"科技服务业事业单位"。

（一）科技活动人员

按工作性质划分，2022 年山东省科技服务业事业单位科技活动人员中科技管理人员有 3874 人，占比 15.27%；课题活动人员有 18 476 人，占比 72.82%；科技服务人员有 3022 人，占比 11.91%（图 1-1）。

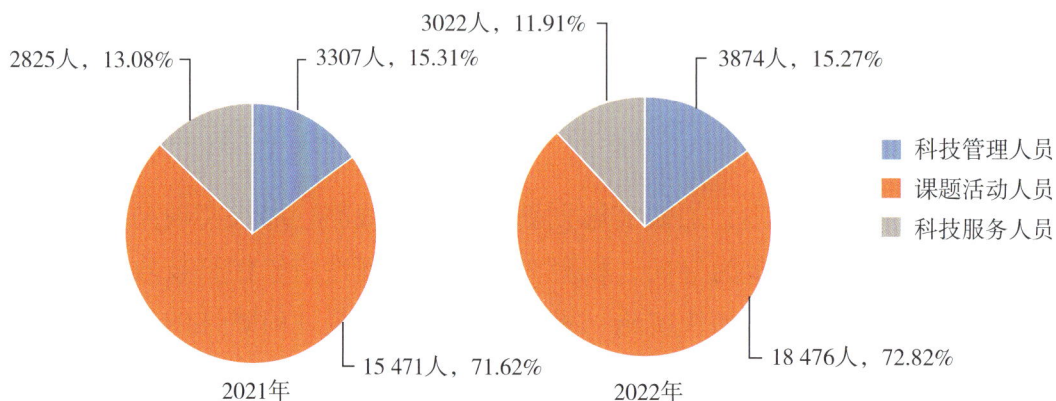

2825人，13.08%　3022人，11.91%　3307人，15.31%　3874人，15.27%

科技管理人员
课题活动人员
科技服务人员

15 471人，71.62%　　2021年　　18 476人，72.82%　　2022年

图 1-1　山东省科技服务业事业单位科技活动人员按工作性质分类

按学历划分，2022 年山东省科技服务业事业单位科技活动人员中博士学历有 5480 人，占比 21.60%；硕士学历有 8719 人，占比 34.36%；本科学历有 8144 人，占比 32.10%；大专及其他学历有 3029 人，占比 11.94%（图 1-2）。

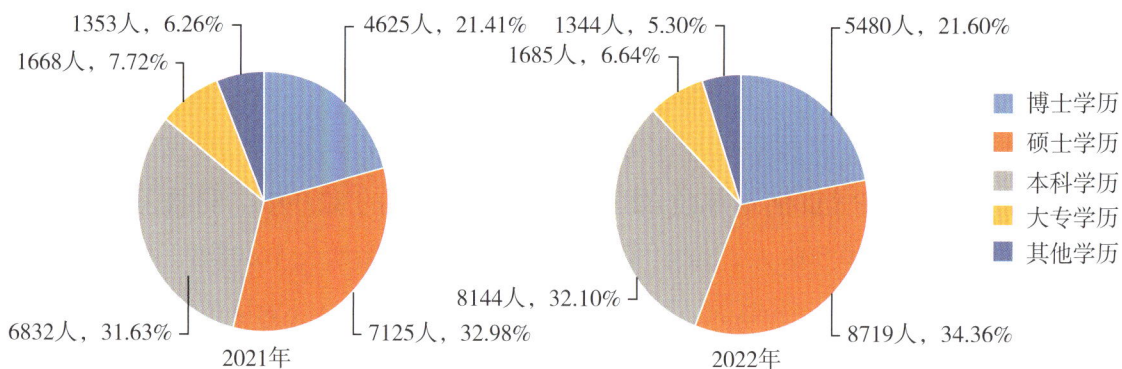

1353人，6.26%　4625人，21.41%　1344人，5.30%　5480人，21.60%
1668人，7.72%　　　　　　　　1685人，6.64%

博士学历
硕士学历
本科学历
大专学历
其他学历

8144人，32.10%
6832人，31.63%　7125人，32.98%　　8719人，34.36%
2021年　　2022年

图 1-2　山东省科技服务业事业单位科技活动人员按学历分类

按职称划分，2022 年山东省科技服务业事业单位科技活动人员中高级职称有
8736 人，占比 34.43%；中级职称有 8084 人，占比 31.86%；初级职称有 3675 人，
占比 14.48%；其他有 4877 人，占比 19.22%（图 1-3）。

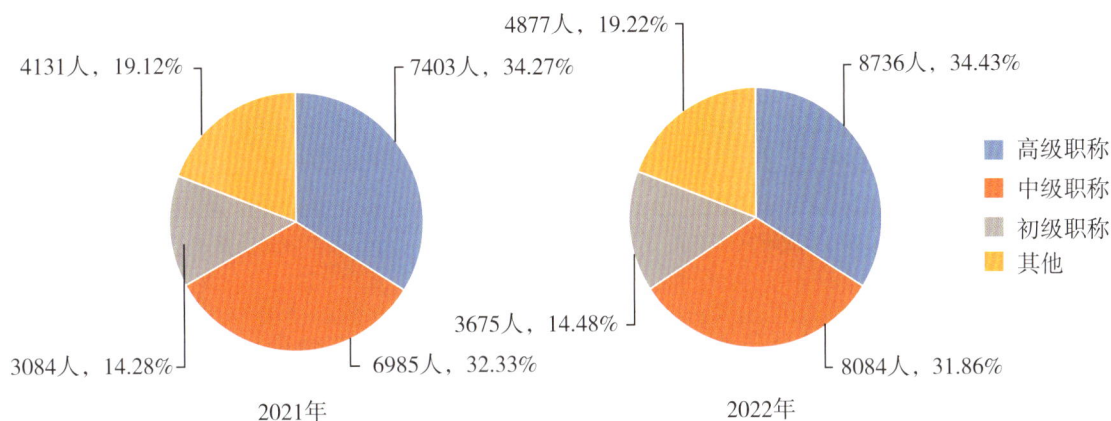

4131人，19.12%　　　4877人，19.22%　　　8736人，34.43%

7403人，34.27%

- 高级职称
- 中级职称
- 初级职称
- 其他

3084人，14.28%　　3675人，14.48%

6985人，32.33%　　8084人，31.86%

2021年　　　　　　　2022年

图 1-3　山东省科技服务业事业单位科技活动人员按职称分类

（二）R&D（研发）人员

2022 年，山东省科技服务业事业单位 R&D 人员共有 23 466 人，其中，研究
人员 16 611 人，占比 70.79%；女性 8243 人，占比 35.13%；全时人员 16 101 人，
占比 68.61%。按学历划分，博士学历有 7856 人，占比 33.48%；硕士学历有 7813
人，占比 33.29%；本科学历有 5842 人，占比 24.90%；其他学历有 1955 人，占比
8.33%。

2022 年，山东省科技服务业事业单位 R&D 人员折合全时工作量为 19 381 人
年，其中，研究人员 13 014 人年，占比 67.15%。按活动类型划分，基础研究人员
有 4977 人年，占比 25.68%；应用研究人员有 5621 人年，占比 29.00%；试验发展
人员有 8783 人年，占比 45.32%（图 1-4）。

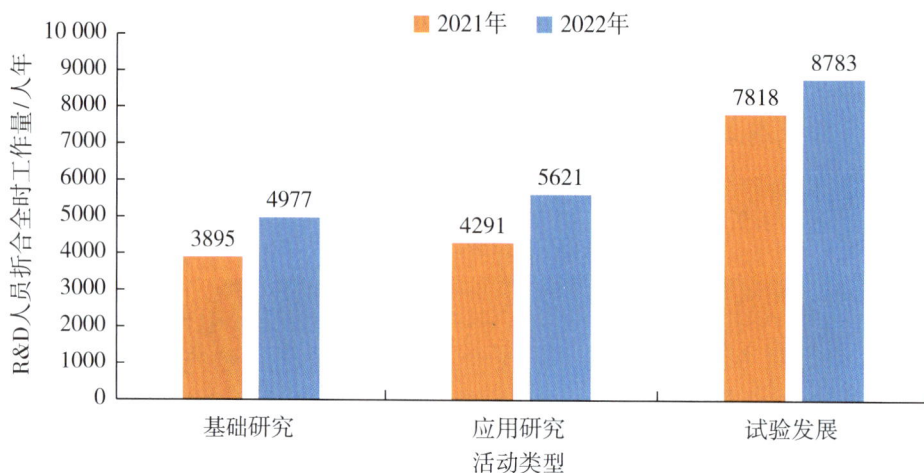

图 1–4　山东省科技服务业事业单位 R&D 人员折合全时工作量按活动类型分类

（三）十六市科技活动人员分析

2022 年，山东省科技服务业事业单位 R&D 人员总量排名前三位的分别是青岛（10 005 人）、济南（8098 人）、烟台（1359 人），三市 R&D 人员总量占全省的 83%。

与上年相比，R&D 人员增加的地市有 13 个。其中，枣庄 R&D 人员实现了"零的突破"（+152 人），人员增量排名前八位的分别是济南（+1458 人）、青岛（+938 人）、泰安（+515 人）、潍坊（+293 人）、临沂（+232 人）、枣庄（+152 人）、滨州（+139 人）、威海（+109 人），东营、菏泽、烟台、济宁、聊城出现小幅增长，日照、德州、淄博均有不同程度减少。从增长率来看，R&D 人员增长率排名前五位的分别是泰安（+281.42%）、临沂（+207.14%）、东营（+202.13%）、菏泽（+152.46%）、滨州（+143.30%）（表 1–1）。

表 1–1　山东省十六市科技服务业事业单位 R&D 人员

单位：人

地区	2021 年	2022 年	增量	增长率
济南市	6640	8098	1458	21.96%
青岛市	9067	10 005	938	10.35 %
淄博市	437	390	−47	−10.76 %
枣庄市	0	152	152	
东营市	47	142	95	202.13 %

续表

地区	2021 年	2022 年	增量	增长率
烟台市	1275	1359	84	6.59 %
潍坊市	420	713	293	69.76 %
济宁市	485	527	42	8.66 %
泰安市	183	698	515	281.42 %
威海市	129	238	109	84.50 %
日照市	204	191	−13	−6.37 %
临沂市	112	344	232	207.14 %
德州市	88	50	−38	−43.18 %
聊城市	132	169	37	28.03 %
滨州市	97	236	139	143.30 %
菏泽市	61	154	93	152.46 %

二、经费分析

2022 年，山东省科技服务业事业单位科技活动支出 148.02 亿元，较上年增加 17.16 亿元，同比增长 13.11%。其中，R&D 经费支出 96.52 亿元，较上年增加 11.43 亿元，同比增长 13.43%。

（一）R&D 经费来源

按经费来源划分，山东省科技服务业事业单位 R&D 经费中政府资金有 76.63 亿元，占比 79.39%；企业资金有 6.38 亿元，占比 6.61%；国外及其他资金有 13.51 亿元，占比 14.00%（图 1-5）。与 2021 年相比，2022 年 R&D 经费中政府资金增加

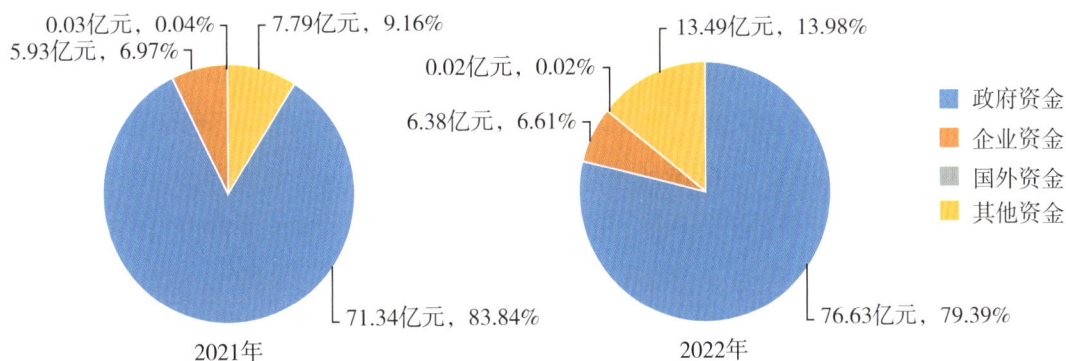

图 1-5　山东省科技服务业事业单位 R&D 经费来源

5.29 亿元，同比增长 7.42%；企业资金增加 0.45 亿元，同比增长 7.59%；国外及其他资金增加 5.69 亿元，同比增长 72.76%。

（二）R&D 经费支出类型

按活动类型划分，山东省科技服务业事业单位基础研究支出 25.99 亿元，占全部 R&D 经费的 26.92%；应用研究支出 25.37 亿元，占比 26.28%；试验发展支出 45.16 亿元，占比 46.79%（图 1-6）。与 2021 年相比，2022 年基础研究支出增加 5.98 亿元，同比增长 29.89%；应用研究支出增加 3.67 亿元，同比增长 16.91%；试验发展支出增加 1.78 亿元，同比增长 4.10%。

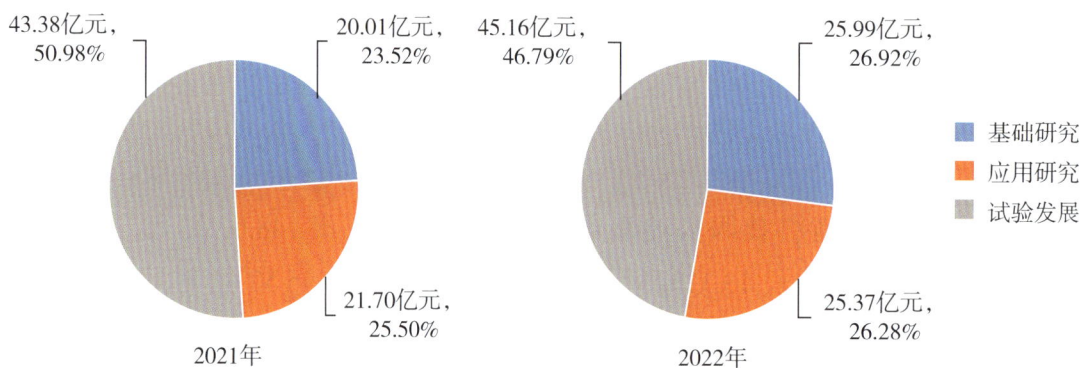

图 1-6 山东省科技服务业事业单位 R&D 经费活动类型

（三）十六市 R&D 经费支出情况

2022 年，青岛、济南科技服务业事业单位 R&D 经费支出分别是 40.41 亿元、33.74 亿元，列全省前两位，且两市 R&D 经费支出总额约占全省的 76.82%。

与 2021 年相比，山东省十六市 R&D 经费支出均呈增长态势，其中，枣庄 R&D 经费支出实现了"零的突破"。从支出增加额看，R&D 经费支出增加超过 1 亿元的有烟台（+4.03 亿元）、济南（+1.93 亿元）、泰安（+1.61 亿元）、潍坊（+1.37 亿元）（表 1-2）。从支出增长率看，泰安呈爆炸式增长，增长率高达 1150.00%；临沂、滨州、菏泽、威海等四市呈翻倍式增长；潍坊、东营、烟台、德州等四市呈大幅增长；济宁、淄博、聊城、济南、青岛、日照等六市呈小幅增长。

表 1-2　山东省十六市科技服务业事业单位 R&D 经费支出　　单位：亿元

地区	2021 年	2022 年	增加额	增长率
济南市	31.81	33.74	1.93	6.07%
青岛市	39.49	40.41	0.92	2.33%
淄博市	0.87	1.01	0.14	16.09%
枣庄市	0	0.14	0.14	
东营市	0.12	0.21	0.09	75.00%
烟台市	7.71	11.74	4.03	52.27%
潍坊市	1.53	2.90	1.37	89.54%
济宁市	2.11	2.46	0.35	16.59%
泰安市	0.14	1.75	1.61	1150.00%
威海市	0.15	0.31	0.16	106.67%
日照市	0.40	0.41	0.01	2.50%
临沂市	0.03	0.29	0.26	866.67%
德州市	0.08	0.11	0.03	37.50%
聊城市	0.45	0.49	0.04	8.89%
滨州市	0.09	0.29	0.20	222.22%
菏泽市	0.10	0.25	0.15	150.00%

三、产出分析

科技活动产出是衡量科技活动质量的重要指标，主要包括论文、著作、专利、形成国家或行业标准数、软件著作权数等方面。本书选取 2021 年、2022 年科技活动产出数据进行比较，以期发现近两年科技活动产出的优势与劣势。与 2021 年相比，2022 年山东省科技服务业事业单位除专利所有权转让及许可相关指标有所下降，其他指标均有大幅提升。2022 年山东省科技服务业事业单位科技活动产出具体情况如下。

（一）论文与著作

2022 年，山东省科技服务业事业单位发表科技论文 8822 篇，较上年增加 993 篇，同比增长 12.68%。其中，国外发表科技论文 4514 篇，较上年增加 781 篇，同比增长 20.92%。出版科技著作 235 种，较上年增加 86 种，同比增长 57.72%。

（二）专利申请与授权

2022 年，山东省科技服务业事业单位专利申请受理数为 4384 件，较上年增加 1130 件，同比增长 34.73%，其中，发明专利 3008 件，较上年增加 841 件，同比增长 38.81%。专利授权数为 4069 件，较上年增加 1250 件，同比增长 44.34%，其中，发明专利 2414 件，较上年增加 947 件，同比增长 64.55%。拥有有效发明专利总数为 10 557 件，较上年增加 1913 件，同比增长 22.13%。

（三）专利转让与行业标准

2022 年，山东省科技服务业事业单位共有专利所有权转让及许可 182 件，较上年减少 12 件，同比下降 6.19%；专利所有权转让及许可收入 1079 万元，较上年减少 3124 万元，同比下降 74.33%。形成国家或行业标准数为 265 项，较上年增加 46 项，同比增长 21.00%（表 1−3）。

表 1−3　山东省科技服务业事业单位科技活动产出指标

指标	2021 年	2022 年	增量	增长率
科技论文／篇	7829	8822	993	12.68%
科技著作／种	149	235	86	57.72%
专利申请受理数／件	3254	4384	1130	34.73%
＃发明专利	2167	3008	841	38.81%
专利授权数／件	2819	4069	1250	44.34%
＃发明专利	1467	2414	947	64.55%
拥有有效发明专利总数／件	8644	10 557	1913	22.13%
专利所有权转让及许可收入／万元	4203	1079	−3124	−74.33%
形成国家或行业标准数／项	219	265	46	21.00%
植物新品种权授予数／项	51	90	39	76.47%
软件著作权数／件	957	1204	247	25.81%

四、研究结论

通过对 2022 年科技活动人员、经费及产出的全面分析，发现"十四五"初期山东省科技服务业事业单位科技活动发展存在以下特点。

（一）科技活动投入增长稳定

2022 年，山东省科技服务业事业单位实现人员与经费双增长。与 2021 年相比，科技活动人员较上年增加 3769 人，R&D 人员较上年增加 4089 人，R&D 人员折合全时工作量较上年增加 3377 人年。科技活动支出较上年增加 17.16 亿元，同比增长 13.11%。其中，R&D 经费支出较上年增加 11.43 亿元，同比增长 13.44%。

（二）科技活动投入结构向基础研究倾斜

2022 年，山东省科技服务业事业单位 R&D 人员折合全时工作量中有基础研究人员 4977 人年，占 R&D 人员折合全时工作量的 25.68%，较上年增加 1.34 个百分点；有应用研究人员 5621 人年，占比 29.00%，较上年增加 2.19 个百分点；有试验发展人员 8783 人年，占比 45.32%，较上年减少 3.53 个百分点。基础研究支出 25.99 亿元，占全部 R&D 经费的 26.92%，较上年增加 3.41 个百分点；应用研究支出 25.37 亿元，占比 26.28%，较上年增加 0.78 个百分点；试验发展支出 45.16 亿元，占比 46.79%，较上年减少 4.19 个百分点。与上年相比，基础研究和应用研究人员、经费支出出现双增长，且 R&D 投入力度逐渐从试验发展向基础研究、应用研究倾斜。

（三）十六市科技活动投入差异增大

一直以来，山东省各类资源大都集中在济南和青岛两市。2022 年，山东省科技服务业事业单位 R&D 人员数量排名前三位的分别是青岛、济南和烟台，三市 R&D 人员总量占全省的 80% 以上。青岛、济南作为 R&D 活动主战场，R&D 经费一直呈增长态势，且经费支出占全省的 75% 以上。与上年相比，除淄博、德州、日照等三市 R&D 人员少量减少外，其他十三市科技服务业事业单位 R&D 人员和经费支出均出现不同程度增加，但是其他地市与青岛、济南的资源差距仍然非常大。

（四）科技产出全面开花，成果转化能力仍需提升

科技活动产出是衡量科技活动质量的重要指标，主要包括论文、著作、专利等。与 2021 年相比，2022 年山东省科技服务业事业单位除专利所有权转让及许可相关指标有所下降，其他指标均有大幅提升。发表科技论文较上年增加 993 篇，同

比增长 12.68%；出版科技著作较上年增加 86 种，同比增长 57.72%；专利申请受理数较上年增加 1130 件，同比增长 34.73%。专利授权数较上年增加 1250 件，同比增长 44.34%。拥有有效发明专利总数较上年增加 1913 件，同比增长 22.13%。

五、发展建议

为全面提升"十四五"期间山东省全社会研发活动质量，根据上面的研究结论，本书给出几点发展建议。

（一）引育创新人才，激发研发主体创新活力

"十三五"期间，山东省科技服务业事业单位科技活动经费逐年增长，但增速呈现波浪式交替增长趋势。"十四五"期间，政府应继续加大科技活动经费的投入力度，强化产学研合作和人才引进，定期走访科研院所，宣传国、省、市出台的科技创新支持政策，鼓励相关单位出台政策吸引高层次科技人才，大力开展科技创新活动，建立科学的人才分类评价机制，对现有科技人才进行再教育和科技培训，使其素质水平提高到新的高度。

（二）优化 R&D 活动结构，持续加大基础研究支持力度

基础研究是知识积累的过程，可以为技术研究和开发提供理论基础，在一个国家科技发展战略中具有举足轻重的作用。"十三五"以来，山东省政府已经逐渐向基础研究和应用研究倾斜，但是基础研究活动投入的比例仍相对不足。"十四五"期间，政府部门应不断优化经费和人员结构，增大基础研究比重，从而提高 R&D 活动效率，充分发挥高素质人才的专业实力；重点聚焦基础研究、前沿高技术研究、社会公益性研究和科技基础条件建设等方面研发主体，持续加大支持力度。

（三）建立评价考核体系，提升科研活动效率

课题（项目）是 R&D 活动的主要开展形式，也是科技活动产出的重要源泉，课题（项目）活动决定着科技活动的开展情况。首先，科技部门要简政放权，按照权责统一的原则，委托专业机构承担课题（项目）管理工作，实现决策、执行、监督、评估相互制约又相互协调。其次，建立评价考核体系。以项目产出和实际贡献

为导向，探索实行市场、社会和行业认可的第三方科技评价方式。最后，改进完善政府科技奖励制度，提升奖励的科学性、准确性、公信力、影响力。

（四）加强政策引导，营造科技创新氛围

进一步确保各项政策落地，全面落实各项税收优惠政策，确保符合条件的企事业单位上报研发投入的加计扣除政策兑现。督促各级财政建立财政科技投入稳定增长机制，持续加大财政科技投入力度，不断优化投入方式。加大科技宣传力度，通过报纸、电视、网络等媒体多角度、多形式、全方位地宣传创新政策、创新意识。

第二章 2022年度山东省科技服务业事业单位研发经费情况分析

研发活动是科技活动中最为核心和基础的环节，也是创新活动的源泉，研发投入对地区的整体经济发展有较大影响。科技服务业事业单位是从事科技活动的重要部门，是山东省研发活动的三大中坚力量之一，本书对2022年山东省科技服务业事业单位研发经费进行分析研究，了解科技服务业事业单位研发经费投入现状和发展特点，并提出相应对策建议。

一、科技活动经费支出

2022年，山东省科技服务业事业单位科技活动收入144.02亿元，较上年增加1.54亿元，同比增长1.08%。其中，政府资金收入114.02亿元，较上年减少6.31亿元，同比下降5.24%。政府资金收入中有80%来源于政府拨款，承担政府科研项目取得收入仅占20%。科技活动支出148.02亿元，较上年增加17.16亿元，同比增长13.11%（图2-1）。其中，科研基建支出15.68亿元，较上年减少1.84亿元，同比下降10.50%。

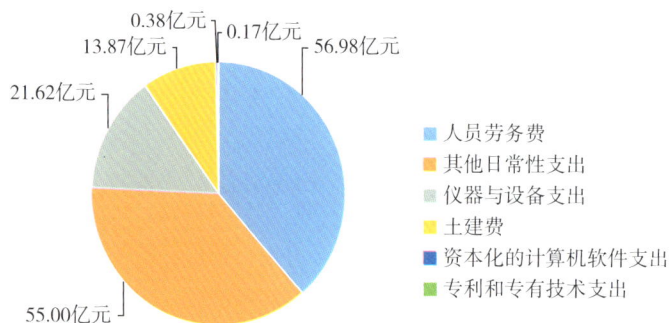

图2-1 2022年山东省科技服务业事业单位科技活动支出分类

从机构类别看，2022 年山东省科技服务业事业单位科技活动支出增加额主要来源于其他事业单位。其他事业单位的科技活动支出较上年增加 27.52 亿元，同比增长率高达 104.05%（表 2-1）。

表 2-1　山东省科技服务业不同机构类别事业单位科技活动支出　　单位：亿元

机构类别	2021 年	2022 年	增加额	增长率
科技服务业事业单位	130.86	148.02	17.16	13.11%
其中：县以上政府部门属研发机构	100.90	93.67	-7.23	-7.17%
县属研发机构	3.51	0.38	-3.13	-89.17%
其他事业单位	26.45	53.97	27.52	104.05%

二、研发经费支出

2022 年，山东省科技服务业事业单位研发经费支出 96.52 亿元，较上年增加 11.43 亿元，同比增长 13.43%。研发经费支出占科技活动支出比重为 65.21%，较上年增加 0.19 个百分点，研发投入强度略有提升（图 2-2）。

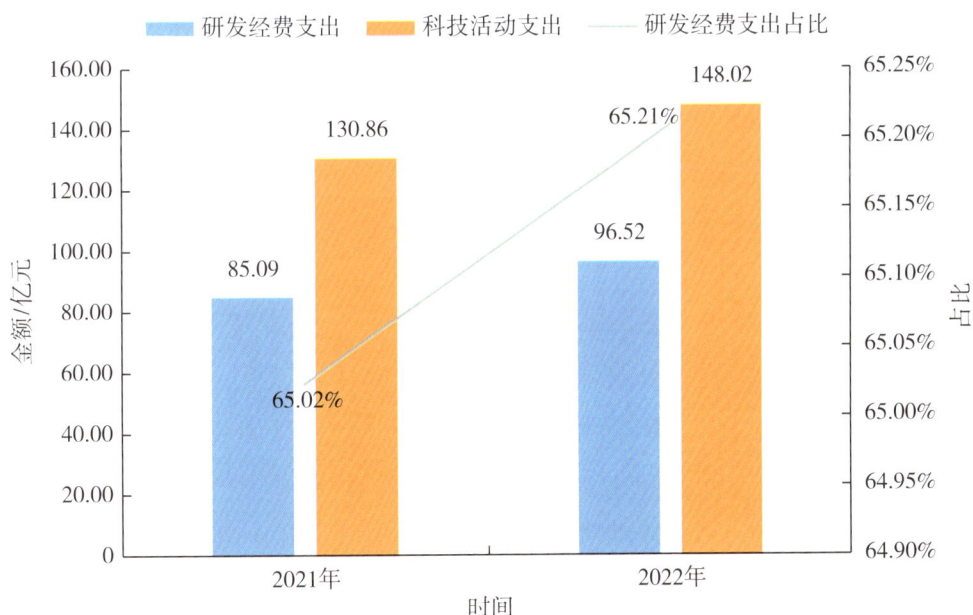

图 2-2　山东省科技服务业事业单位研发经费支出与科技活动支出

2022 年，山东省科技服务业事业单位研发经费外部支出 5.74 亿元，较上年减少 3.22 亿元，同比下降 35.94%。研发经费外部支出中，对境内企业支出 3.46 亿元，占全部外部支出的 60.28%。

从经费来源看，山东省科技服务业事业单位研发经费支出中政府资金有 76.63 亿元，占比 79.39%；企业资金有 6.38 亿元，占比 6.61%；国外及其他资金有 13.51 亿元，占比 14.00%。

从活动类型看，山东省科技服务业事业单位研发经费支出中基础研究支出 25.99 亿元，占全部研发经费支出的 26.93%；应用研究支出 25.37 亿元，占比 26.28%；试验发展支出 45.16 亿元，占比 46.80%。

从机构类别看，山东省科技服务业事业单位研发经费支出主要来源于县以上政府部门属研发机构。2022 年，山东省县以上政府部门属研发机构研发经费支出 67.69 亿元，占比 70.13%；其他事业单位支出 28.77 亿元，占比 29.81%（表 2-2）。数据显示，不同类别机构的研发经费支出结构相差不大。

表 2-2　2022 年山东省科技服务业事业单位研发经费支出分类　　　　单位：亿元

机构类别	研发经费支出	基础研究	应用研究	试验发展
科技服务业事业单位	96.52	25.99	25.37	45.17
其中：县以上政府部门属研发机构	67.69	18.92	16.76	32.01
县属研发机构	0.06	0.00	0.00	0.06
其他事业单位	28.77	7.07	8.61	13.10

三、课题经费支出

2022 年，山东省科技服务业事业单位课题经费内部支出 46.00 亿元，较上年增加 4.96 亿元，同比增长 12.09%。其中，R&D 课题经费支出 40.45 亿元，占比高达 87.93%。

从课题经费内部支出的活动类型看，基础研究支出 9.94 亿元，占比 21.61%；应用研究支出 9.79 亿元，占比 21.28%；试验发展支出 20.72 亿元，占比 45.04%；R&D 成果应用支出 2.85 亿元，占比 6.20%；科技服务支出 2.70 亿元，占比 5.87%（图 2-3）。

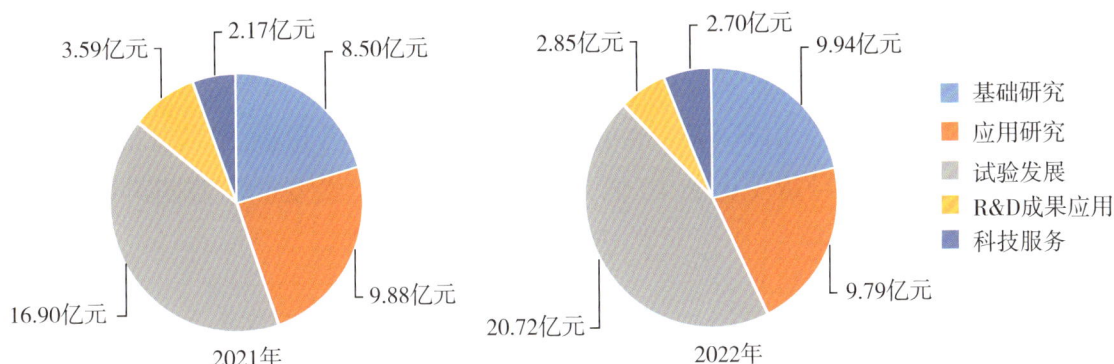

图 2-3　山东省科技服务业事业单位 R&D 课题活动分类

从机构类别看，山东省科技服务业事业单位 R&D 课题经费支出主要来源于县以上政府部门属研发机构。2022 年，山东省县以上政府部门属研发机构 R&D 课题经费支出 30.38 亿元，占比 75.11%；其他事业单位支出 10.03 亿元，占比 24.80%（表 2-3）。数据显示，不同类别机构的 R&D 课题经费支出结构相差不大。

表 2-3　2022 年山东省科技服务业事业单位 R&D 课题经费支出分类　　单位：亿元

机构类别	R&D 课题经费支出	基础研究	应用研究	试验发展
科技服务业事业单位	40.45	9.94	9.79	20.72
其中：县以上政府部门属研发机构	30.38	7.72	7.07	15.59
县属研发机构	0.04	0	0	0.04
其他事业单位	10.03	2.23	2.72	5.08

四、十六市经费支出

2022 年，济南、青岛科技服务业事业单位科技活动支出分别是 59.82 亿元、49.96 亿元，居全省前两位，且两市科技活动支出总额占全省的 74.16%；青岛、济南研发经费支出分别是 40.41 亿元、33.74 亿元，两市研发经费支出总额占全省的 76.83%；青岛、济南课题经费支出分别是 22.11 亿元、16.88 亿元，两市课题经费支出总额占全省的 84.76%。

对比青岛、济南：济南科技活动支出居全省首位，但研发经费支出占科技活动支出比重仅有 56.40%，课题经费支出占研发经费支出比重为 50.03%；青岛科技活动支出落后于济南近 10 亿元，但研发经费支出总额居全省首位，且占科技活动支出比重高达 80.88%，课题经费支出占研发经费支出比重为 54.71%。

除济南、青岛外，山东省剩余十四市研发经费支出总额占全省的 23.17%。其中，仅有烟台研发经费支出破 10 亿元，潍坊、济宁、泰安、淄博四市研发经费支出过亿元，其他地市均在 1 亿元以下（表 2-4）。

表 2-4 2022 年山东省十六市科技服务业事业单位科技经费支出   单位：亿元

地区	科技活动支出	研发经费支出	课题经费支出
济南市	59.82	33.74	16.88
青岛市	49.96	40.41	22.11
淄博市	1.70	1.01	0.32
枣庄市	0.17	0.14	0.14
东营市	0.44	0.21	0.03
烟台市	16.19	11.74	1.68
潍坊市	4.32	2.90	2.72
济宁市	5.84	2.46	0.56
泰安市	3.32	1.75	0.51
威海市	0.69	0.31	0.18
日照市	1.18	0.41	0.32
临沂市	2.36	0.29	0.12
德州市	0.20	0.11	0.14
聊城市	0.52	0.49	0.08
滨州市	0.61	0.29	0.15
菏泽市	0.71	0.25	0.06

五、研究小结

总体来看，2022 年山东省科技服务业事业单位研发活动规模差异化明显，研发经费投入结构还有进一步优化空间。具体而言，山东省科技服务业事业单位研发活动存在以下特点。

一是科技活动经费持续稳步增长。山东省科技服务业事业单位科技活动支出 148.02 亿元，较上年增加 17.16 亿元，同比增长 13.11%；研发经费支出 96.52 亿元，较上年增加 11.43 亿元，同比增长 13.44%；课题经费内部支出 46.00 亿元，较上年增加 4.96 亿元，同比增长 12.09%。近年来，山东省科技服务业事业单位越来越重视研发活动的开展，研发经费投入总额呈现稳步增长趋势。科技服务业事业单位研发活动的健康发展体现了政府、科研机构对创新驱动发展的深刻认识，展现了全社会通过提升研发投入水平促进地区高质量发展的决心。

二是研发经费过度依赖政府资金。政府资金一直是科技服务业事业单位研发活动的主要经费来源，占比均保持在 80% 以上。2022 年，山东省地方财政科技支出 313.3 亿元，较上年大幅下降 15.85%，创下近 10 年来最大跌幅。科技服务业事业单位对公共财政依赖性较强，一定程度上导致部分院所研发课题经费支出减少，像山东省高等技术研究院，受财政拨款减少影响，年度经费收入下降严重，研发经费和基础研究经费投入相应出现大幅下滑，从而导致全省科研院所研发经费增速变缓。

三是经费支出结构有待进一步优化。基础研究是建设科技强省的基石，从科技活动主体来看，科技服务业事业单位是从事基础研究的重要主体。经过多年发展，全省基础研究整体水平显著提高，支撑引领经济社会发展的作用不断增强，但与建设全国科技强省的要求相比，山东省基础研究短板依然突出，数据显示，2022 年山东省科技服务业事业单位基础研究仅占 25% 左右，应用研究也占 25% 左右，试验发展约占半成。从 2022 年的数据来看，淄博、枣庄、潍坊、临沂、德州、聊城、菏泽 7 个地市的相关科研机构没有开展基础研究课题研究，当年基础研究经费支出为 0，全省基础研究九成以上集中在济南和青岛两地。

四是研发经费区域差异不断扩大。青岛、济南作为研发活动主战场，研发经费每年仍呈增长态势，从 2022 年数据来看，青岛、济南两市在研发经费支出和基础研究支出方面占据绝对优势，两市科技服务业事业单位研发经费支出约占全省的八成。作为沿海经济大市，烟台近两年在科技创新方面不断强化投入、优化布局，在研发投入提升方面有一定的潜力。2022 年，烟台全社会研发经费投入 197.5 亿元，科技服务业事业单位研发经费支出仅有 11.74 亿元，按照济南和青岛的相关数据来推算，烟台科技服务业事业单位研发经费支出还有较大的上升空间。

六、对策建议

根据山东省科技服务业事业单位研发活动开展现状，为进一步提升山东省科技服务业事业单位研发投入水平，本书提出以下几点有针对性的发展建议。

一是优化资金扶持，加大经费支持力度。持续加大财政科技投入力度，确保财政科技资金"只增不减"，增加重大财政资金项目向科学研究倾斜的力度，确保科技服务业事业单位科技活动类型保持合理的比例。支持科技服务业事业单位开展基础研究和应用研究，扩大科技服务业事业单位在科研项目经费、仪器采购、人事补偿等方面的自主权。引导科技服务业事业单位统筹各方面资金，确保研发投入逐年增加，鼓励科技服务业事业单位增加用于科研工作的费用，设立科技发展专项资金。大力支持科技服务业事业单位开展科研活动，特别是结合经济社会发展实际开展科技攻关，积极承担各级科研项目。聚焦基础研究、前沿高技术研究、社会公益性研究和科技基础条件建设等方面，优先支持相关领域研发投入强度大的科研单位，优先支持其申报国家、省级重点研发计划项目和重大创新平台载体。

二是完善工作机制，抓实研发统计。强化统计督导，把科研机构名录库核定和科研机构调查作为研发投入统计督导工作的重要内容，对科研机构统计工作开展不力的地市实行内部通报，并挂牌督办；对督导过程中发现的存在误报、虚报、拒报科技统计综合年报数据的科研机构给予通报，限期整改。创新培训模式，将培训工作穿插到科技统计工作的各个周期、各个环节，提升培训效果。在常规年报调查培训的基础上，采取重点调研座谈和业务辅导相结合的方式，选取近几年财政支持力度较大、研发支出经费填报较少的重点单位开展实地调研，协调解决单位研发投入统计工作中存在的深层次问题。做好常态化摸排，各市级管理部门要及时更新预纳统清单，做到提前谋划，科学部署，进一步提升新增单位纳统率，实现"应统尽统"。对研发投入经费支出较大且增幅较大的科技服务业事业单位，在年底单位考核时予以加分奖励。

三是瞄准发展定位，提升研发效率。坚持以推动应用创新为重点，推动重点领域加大研发创新力度。推进产学研协同创新。依托产业技术研究院、产业技术创新联盟等机构，根据科技服务业事业单位的实际情况，以引进和集聚创新资源为载体，突出创新发展中的平台引领和创新要素集聚，构建"研发活动在基地、成果应用在企业"的协同机制，探索建立科技园，作为全省支柱产业、新型产业、特色产业的研发基地，打造协同创新高地。充分利用科技服务业事业单位优质科研资源环境，形成一体化培养模式，开展合作教育、共同实施重大项目等方式，培养更多高层次科技创新人才。探索建立双向人才流动制度，使科技服务业事业单位和企业的高层次人才有双向选择权，激发更多科研创新活力，让更多优秀人才脱颖而出。

四是加强政策引导，营造创新氛围。督促各级财政建立财政科技投入稳定增长机制，持续加大财政科技投入力度，不断优化投入方式，扩大政府研发投入规模，确保来源于政府资金的研发经费逐年增长。加大科技宣传力度，通过报纸、电视、网络等媒体多角度、多形式、全方位地宣传创新政策、创新意识。加强对科技服务业事业单位科技统计工作开展情况调度，将科技统计工作列入年度工作要点。各地区成立领导小组，统筹协调推进科技统计工作，以上率下，坚持"主要领导亲自过问、分管领导靠上抓、分片区具体落实"的原则，每季度至少听取一次科技统计工作专题汇报，及时跟进各单位研发活动开展进度，压实责任，不断增强工作紧迫感和主动性。

第三章　2022年度山东省科技服务业事业单位科技人才情况分析

应对世界百年未有之大变局，实现我国科技自立自强发展，亟须一批具有旺盛科研精力和高度创新力的科技人才。党的二十大报告首次将教育、科技、人才三大战略一体规划，强调必须坚持科技是第一生产力、人才是第一资源、创新是第一动力这"三个第一"。本报告结合2022年度科技服务业事业单位科技人才的主要指标数据，在对各市科技人才工作充分调研的基础上，对山东省科技服务业事业单位科技人才相关情况进行深度分析，力求发现科技人才队伍建设中存在的问题，并就加快山东省科技服务业事业单位科技人才体系建设提出有针对性的建议。

一、主要指标分析

（一）人员整体变动情况

2022年，山东省科技服务业事业单位从业人员数量稳步增长，从业人员共有30 502人，较上年增加4308人，同比增长16.45%；科技活动人员数量也呈增长趋势，共有25 372人，较上年增加3769人，同比增长17.45%，其中，本科及以上学历人员共有22 343人，占科技活动人员总数的88.06%。

2022年，山东省科技服务业事业单位R&D人员数量整体持续增长，共有23 466人，较上年增加4089人，同比增长21.10%，占科技活动人员总数的92.49%；R&D人员折合全时工作量共有19 381人年，较上年增加3377人年，同比增长21.10%（表3-1）。

表 3-1　2021—2022 年山东省科技服务业事业单位科技人才整体情况

时间	从业人员 / 人	科技活动人员 / 人	科技活动人员同比增长	R&D 人员 / 人	R&D 人员同比增长	R&D 人员折合全时工作量 / 人年
2021 年	26 194	21 603	6.89%	19 377	4.60%	16 004
2022 年	30 502	25 372	17.45%	23 466	21.10%	19 381

（二）R&D 人员结构变动情况

从性别分类看，山东省科技服务业事业单位 R&D 人员以男性为主，女性占比较为稳定。2022 年，山东省科技服务业事业单位 R&D 人员共有 23 466 人，其中女性有 8243 人，较上年增加 1327 人，占科技服务业事业单位 R&D 人员总数的 35.13%，占比较上年下降 0.56 个百分点。

从工作时长看，山东省科技服务业事业单位 R&D 人员超六成为全时人员。2022 年，山东省科技服务业事业单位 R&D 全时人员共有 16 101 人，较上年增加 2743 人，同比增长 20.53%，增幅小于 R&D 人员整体增幅，占 R&D 人员总数的 68.61%；R&D 非全时人员共有 7365 人，较上年增加 1346 人，同比增长 22.36%，占 R&D 人员总数的 31.39%。

从学历看，山东省科技服务业事业单位 R&D 人员素质进一步提升，硕博学历人员占比持续增加。2022 年，山东省科技服务业事业单位 R&D 人员中硕博学历人员共有 15 669 人，较上年增加 2764 人，同比增长 21.42%，占 R&D 人员总数的 66.77%，占比较上年增长 0.17 个百分点（图 3-1）。

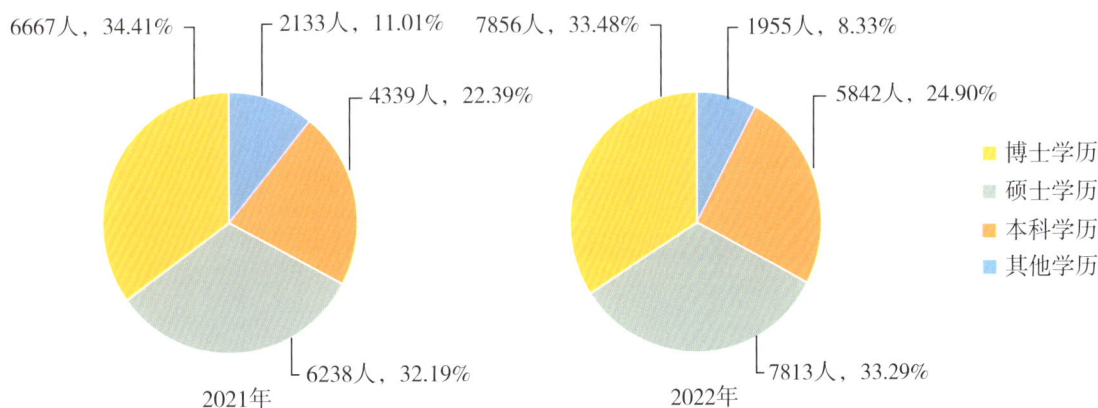

图 3-1　2021—2022 年山东省科技服务业事业单位 R&D 人员按学历分布情况

（三）R&D 人员折合全时工作量结构变动情况

山东省科技服务业事业单位 R&D 人员折合全时工作量中研究人员数量稳步增长，占比有所下降。2022 年，山东省科技服务业事业单位 R&D 人员折合全时工作量共有 19 381 人年，同比增长 21.10%。其中，研究人员 13 014 人年，较上年增加 1418 人年，同比增长 12.23%，占 R&D 人员折合全时工作量总量的 67.15%，占比较上年下降 5.31 个百分点。

山东省科技服务业事业单位 R&D 课题人员折合全时工作量逐年增长。2022 年，山东省科技服务业事业单位 R&D 课题人员折合全时工作量共有 16 760.5 人年，较上年增加 1292 人年，同比增长 8.35%，占 R&D 人员折合全时工作量的 86.48%，占比下降 10.13 个百分点。

山东省科技服务业事业单位 R&D 人员折合全时工作量主要集中于试验发展活动，基础研究和应用研究活动占比有所上升。2022 年，R&D 人员折合全时工作量中基础研究人员有 4977 人年，占比 25.68%，占比较上年提高 1.34 个百分点；应用研究人员有 5621 人年，占比 29.00%，占比较上年提高 2.19 个百分点；试验发展人员有 8783 人年，占比 45.32%，占比较上年下降 3.53 个百分点（图 3-2）。

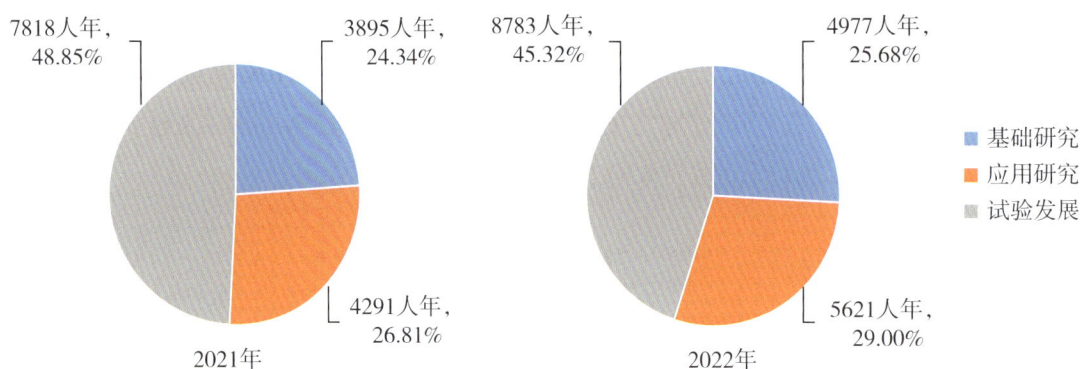

图 3-2　2021—2022 年山东省科技服务业事业单位 R&D 人员折合全时
工作量按活动类型分布情况

（四）R&D 人员地域分布情况

2022 年，山东省科技服务业事业单位 R&D 人员仍集中于青岛和济南。其中，青岛 R&D 人员有 10 005 人，占 R&D 人员总数的 42.64%；济南 R&D 人员有 8098 人，占 R&D 人员总数的 34.51%；烟台 R&D 人员有 1359 人，占 R&D 人员总数的 5.79%。三市 R&D 人员占全省 R&D 人员总数的 82.94%。其余 13 个地市占比均不足 5%。

2022 年，山东省科技服务业事业单位 R&D 人员实现多地市正增长。其中有 13 个地市实现 R&D 人员正增长，3 个地市为负增长，枣庄实现"破零"。其中增加值超过 200 人的有济南（+1458 人）、青岛（+938 人）、泰安市（+515 人）、潍坊（+293 人）、临沂市（+232 人）；R&D 人员数量增长率排前 5 名的地市分别为泰安（281.42%）、临沂（207.14%）、东营（202.13%）、菏泽（152.46%）和滨州（143.30%）（表 3–2）。

表 3–2　2021—2022 年山东省科技服务业事业单位各地市 R&D 人员情况

单位：人

地区	2021 年	2022 年	增加值	增长率
山东省	19 377	23 466	4089	21.10%
济南市	6640	8098	1458	21.96%
青岛市	9067	10 005	938	10.35%
淄博市	437	390	−47	−10.76%
枣庄市	0	152	152	
东营市	47	142	95	202.13%
烟台市	1275	1359	84	6.59%
潍坊市	420	713	293	69.76%
济宁市	485	527	42	8.66%
泰安市	183	698	515	281.42%
威海市	129	238	109	84.50%
日照市	204	191	−13	−6.37%
临沂市	112	344	232	207.14%
德州市	88	50	−38	−43.18%
聊城市	132	169	37	28.03%
滨州市	97	236	139	143.30%
菏泽市	61	154	93	152.46%

二、存在问题

山东省科技服务业事业单位科技人才资源较上年提升较大，人才总量、人才工作时长等方面均有所增加，但在人才结构布局、地域分布等方面仍存在问题，还有相当大的提升空间。为摸清科技服务业事业单位中科技人才的实际情况，采取书面调研、下沉调研、座谈调研等方式开展调研工作，了解到主要问题体现在以下几个方面。

（一）科技服务业事业单位科技人才评价和使用机制不健全

山东省科技服务业事业单位科技人才评价依然存在"四唯"现象，如科研单位引进科技人才强调本科必须是"211"或"985"高校毕业，博士必须是国外著名学府毕业等，而把能力评价放到次要位置。几乎所有科研单位，都以 3 ～ 5 年为一个聘任周期，导致在科研和学术领域，人员浮躁情绪非常普遍。有的地方过分强调发表论文的数量，并有严格的指标要求，不仅导致科技人员压力很大，而且导致科技人员急功近利，只顾眼前利益，回避挑战性强的课题。这种科研环境对人才的创新思维、挑战意识产生了极大的负面影响。

（二）科技服务业事业单位人员激励和保障机制不完善

在许多科技服务业事业单位，分配平均主义现象仍然普遍存在。现有的薪金报酬制度还不尽合理，有些高层次科技人才的收入还比较低，与其实际业绩和工作贡献不相符。科技人才激励机制的弊端影响了高层次人才的积极性和创造性的发挥，不利于科技人才的成长与发展，甚至导致科技人才流失。科技人才保障机制也存在问题，目前科研单位在医疗、失业和养老等方面未建立保险制度。

（三）科技服务业事业单位基础研究人才缺乏

2022 年，山东省科技服务业事业单位 R&D 人员折合全时工作量中基础研究人员有 4977 人年，占 R&D 人员折合全时工作量总量的 25.68%，少于应用研究人员（5621 人年）和试验发展人员（8783 人年）。山东省从事基础研究工作的科技人才极度紧缺，深耕基础研究理论的团队和人才比较匮乏，缺少长期稳定的基地和队伍，导致能解决"卡脖子"和"0－1"技术问题的人才太少。

（四）科技服务业事业单位科技人才性别比例失调

山东省科技服务业事业单位科技人才以男性为主，占比 65%，女性仅占比 35%，且仍在减少。而目前高等教育中男女比例基本持平，这就意味着有很多女性人才的智力资源在后续发展中没有得到很好的开发与利用，如果这部分沉没的智力资源得到有效挖掘将会释放出巨大的创造力，并带来社会福祉的快速提高。

（五）科技服务业事业单位 R&D 人员区域分布结构不合理

2022 年，山东省科技服务业事业单位科技人才仍集中于青岛、济南和烟台，占全省科技服务业事业单位科技人才总量的 80% 左右，其他 13 个地市占比均不超过 5%。科研人才大多生活与工作在经济发达地区，或者科技活动比较活跃的地区，这就意味着山东省科研人才的区域分布是极度不平衡的，已经出现人才分布的"马太效应"现象，如果不能改变这种科技人才的区域分布结构，拖后腿是必然的，并将导致山东省乃至中国区域发展不平衡的状况愈加严重。

（六）科技服务业事业单位科技人才发展环境仍不尽人意

首先，创新资源分配机制存在短板，科技服务业事业单位科技人才获取创新资源有限。在现有科技人才评价和科技资源分配机制下，创新资源不足与浪费并存，科技服务业事业单位科技人才获得创新机会并不容易。尽管面向科技人才，山东省设置了各类专项人才支持计划，但相对规模巨大的人才群体，依旧显得"僧多粥少"。其次，科技人才发展面临职业发展通道本身的挤压。在部分科研院所中，除了人才的个人能力外，家庭出身、师承关系等其他因素对科技人才获取创新资源方面具有一定影响。这往往使部分人才对个人发展环境的公平性产生怀疑，产生消极发展心态。

三、对策建议

通过对 2022 年度相关数据的分析，结合对省、市出台科技人才相关政策的调研情况，未来应重点从以下几个方面加强科技服务业事业单位科技人才队伍建设。

（一）建立科技人才评价和使用机制

山东省必须完善科技人才标准，建立科学公正的科技人才评价机制，培育创新精神，鼓励人才做出突出业绩。一是科技人才标准不应单纯以学历、资历和职称为依据，应贴近客观实际，重视工作业绩，既要关注体制内人才，也要关注体制外人才。针对当前各类人才评价、课题立项和成果评奖中存在的暗箱操作、门派倾向和人情关系等问题，要尽快制定能够体现各类高层次人才特点的评价体系，注重人才的学术技术质量和实际效用。二是完善科技人才使用机制，在人才使用和考核上，既要考虑业绩，也要尊重科学规律，不能急功近利，尤其是科技人才考核，可以将现在的 3 年聘任制适当延长。

（二）完善科技人才激励和保障机制

山东省要通过改革收入分配制度，完善激励机制，从制度上保证各类人才得到与其劳动贡献相适应的报酬，使在医疗、养老等方面体现人才价值。一是完善山东省科研奖励制度，为培育创新型人才提供稳定的政策和经费支持。实现收入分配向科技人才及智力资本转化，充分保障人才的经济利益，形成人尽其才的良好环境。二是完善山东省科技人才保障机制，加强对科技人力资源培养与开发的监管，及时研究解决妨碍科技人才安全的新情况、新问题。建立科技人才库、科技人才安全评价与预警机制，开展对人才安全的定性、定量评价。要进一步完善高级科技人才的流动审批制度，确保掌握山东省关键技术的科技人才和高层次管理人才队伍的安全稳定。

（三）加强基础研究队伍建设

山东省要加强基础研究人才队伍建设，既要重视人才队伍规模增长，又要关注人才质量提升，既要保障人才修炼"内"功，又要确保营造"外"部环境。一是加大顶尖人才培养与吸引力度。大力培养造就一流科技领军人才、创新团队、青年科技人才队伍，及时发现有潜力的科技人才并重点培养。二是强化基础学科人才培养制度改革。优化学科学历布局，科学确定基础学科专业招生规模，保持基础学科人才培养整体规模结构科学有效。三是形成更加有利于基础研究人才高质量发展的体制机制。加强基础研究领域人才选拔、培养、评价、使用、保障等方面的全链条系统化政策体系设计，完善紧缺人才的招生、培养、就业、落户等政策。

（四）优化科技人才性别结构

山东省要彻底改变科技人才队伍结构中的性别比例严重失衡现象，亟须进行制度改革，通过政策将科技资源向女性科研人员倾斜。一是通过调整退休时间，让有意愿继续科研的女性科研人员的退休年龄与男性科研人员保持一致，为女性科研人员留出更多从事学术资本积累的时间；二是从山东省层面适当增设一些专门针对女性科研人才的激励机制，如人才称号、项目、专项奖励资金等，通过政策倾斜激活这部分数量庞大的人才资源。

（五）缩小科技人才资源地区差异

山东省需要做到"科技人才创新能力和经济发展精准匹配"，全面提高科技人才创新能力和经济发展水平，缩小地区间差异。一是构建山东省智库合作联盟，占据发展高地。联盟成员通过互联互通、资源共享、研究合作、成果交流、人员互通、联合发声，为山东省科技发展中面临的现实问题"量身定制"解决方案，合力把山东省打造成引领全国科技创新和经济发展的主力军。二是形成山东省不同地带间的优势互补，充分利用各地区优势资源，明确创新主体功能定位及各项发展任务载体，为落后地区专设高级人才称号、特殊基金项目，吸引发达地区人才到落后地区服务，改变落后地区科技人才分布结构失衡现象。

（六）丰富科技人才发挥作用的创新平台

山东省要在优化科技创新环境基础上集聚科技人才和创新资本。一是加大对省内高校、研究机构的支持力度。科研人员，尤其是海外优秀人才，十分重视自身未来的发展平台，所以山东省要坚持高水平大学和学科建设，打造一批具有前沿水平的研究平台，吸引科技人才。二是继续用好山东省各级各类创新人才支持平台，如长江学者、国家优秀青年科学基金、国家杰出青年科学基金等。进一步总结成效和经验，动态优化调整科技人才支持平台的实施方案。三是加强国际合作创新平台建设，通过山东省与国际前沿创新机构和团队合作，鼓励科技人才积极参与合作创新项目，取得突破性的研究成果。

第四章　2022 年度山东省科技服务业事业单位创新能力情况分析

党的二十大报告强调要深入实施创新驱动发展战略，开辟发展新领域新赛道，不断塑造发展新动能新优势。科技服务业事业单位是国家战略科技力量的重要组成部分，在加快建设原始创新策源地、全面实施创新驱动发展战略中具有不可替代的重要作用。山东省科技服务业事业单位数量较多，是区域创新体系的重要组成部分，在实施科技强省战略中必将担负重任，然而，由于财政支持力度不够、分类定位不清、服务产业能力薄弱、区域布局不合理等，山东省科技服务业事业单位创新能力亟待提升，创新机制亟待改善。本报告根据山东省科技服务业事业单位发展定位、创新特点，识别其在科技创新活动过程中存在的潜在问题，寻求破解科技服务业事业单位创新能力提升瓶颈的对策建议。

一、现状研究

本报告从全省科技服务业事业单位发展现状出发，对山东省科技服务业事业单位科技创新模式和主要做法进行深度分析，力求发现存在的问题，并就提升山东省科技服务业事业单位创新能力提出有针对性的建议。

（一）科技服务业事业单位整体发展情况

2020—2022 年山东省科技服务业事业单位数量呈现"先减后增"趋势，2020 年山东省科技服务业事业单位为 270 家，2021 年由于事业单位改革缩减至 227 家，2022 年科技服务业事业单位增加至 268 家，较上年增加 41 家；2020—2022 年山东省科技服务业事业单位科技活动人员数持续上升，2022 年科技活动人员有 25 372

人，较上年增长 17.45%，2020—2022 年年均增长率为 12.04%；2020—2022 年山东省科技服务业事业单位科技活动支出持续增长，2022 年科技活动支出 148.02 亿元，较上年增长 13.11%，2020—2022 年年均增长率为 15.35%。

2020—2022 年山东省科技服务业事业单位 R&D 人员总数持续上升，2022 年 R&D 人员达到 23 466 人，较上年增长 21.10%，2020—2022 年年均增长率为 12.55%。2020—2022 年山东省科技服务业事业单位 R&D 经费稳步提升，2022 年 R&D 经费支出 96.52 亿元，较上年提升 13.44%，2020—2022 年年均增长率为 19.00%。2020—2022 年山东省科技服务业事业单位 R&D 课题数持续增加，2022 年 R&D 课题有 6921 个，较上年增长 14.43%，2020—2022 年年均增长率为 8.13%（表 4−1）。

表 4−1　2020—2022 年山东省科技服务业事业单位整体情况

指标	2020 年	2021 年	2022 年
机构数 / 家	270	227	268
科技活动人员 / 人	20 211	21 603	25 372
科技活动支出 / 亿元	111.24	130.86	148.02
R&D 人员 / 人	18 524	19 377	23 466
R&D 人员折合全时工作量 / 人年	16 010	16 004	19 381
R&D 经费支出 / 亿元	68.16	85.09	96.52
R&D 课题数 / 个	5919	6048	6921
R&D 课题人员折合全时工作量 / 人年	13 127	12 883	14 265
R&D 课题经费支出 / 亿元	25.81	35.28	40.45

（二）科技服务业事业单位创新能力发展情况

1. 创新基础能力

创新基础能力主要从单位的软硬实力两方面考虑。硬实力着力于单位的资产基础，即科研仪器设备和科研房屋建筑情况；软实力着眼于单位的人才基础，即本科以上学历和高级职称人员情况。

科技人员素质逐步提高。2020—2022 年山东省科技服务业事业单位中高层次人员数量逐步提升，2022 年科技服务业事业单位科技活动人员中硕博学历人员有 14 199 人，占总人数的 55.96%，2020—2022 年年均增长率为 12.54%；2022 年科技服务业事业单位科技活动人员中高级职称人员有 8736 人，占总人数的 34.43%，2020—2022

年年均增长率为 10.68%；2022 年科技服务业事业单位 R&D 人员中硕博学历人员有 15 669 人，占总人数的 66.77%，较上年增长 21.42%，2020—2022 年年均增长率为 13.31%，超过 R&D 人员年均增长率，研发人员素质不断提高（表 4-2）。

表 4-2 2020—2022 年山东省科技服务业事业单位人员素质情况　　　　单位：人

指标	2020 年	2021 年	2022 年
科技活动人员	20 211	21 603	25 372
其中：硕博学历人员	11 211	11 750	14 199
其中：高级职称人员	7132	7403	8736
R&D 人员	18 524	19 377	23 466
其中：硕博学历人员	12 204	12 905	15 669

科研仪器设备逐步完善。2020—2022 年山东省科技服务业事业单位科研仪器设备价值持续上升，2020 年山东省科技服务业事业单位科研仪器设备价值为 112.92 亿元，2022 年科研仪器设备价值持续上升至 154.99 亿元，2020—2022 年年均增长率为 17.16%。

科研用房统筹优化能力加强。2020—2022 年山东省科技服务业事业单位科研房屋建筑物价值稳定增加。2020 年山东省科技服务业事业单位科研房屋建筑物价值为 46.02 亿元，2022 年增长至 77.36 亿元，较上年提高 35.67%，2020—2022 年年均增长率为 29.65%，全省科技服务业事业单位拥有良好的科研资产条件。

2. 创新投入能力

创新投入能力主要从人才投入和资金投入两方面进行考虑。人才投入主要为研发人员工作量投入；资金投入则为研发经费总量投入。

研发人员投入以全时人员为主，试验发展人员较多。2020—2022 年山东省科技服务业事业单位 R&D 人员数呈现持续上升的趋势，2022 年 R&D 人员达到 23 466 人，其中，2022 年科技服务业事业单位 R&D 全时人员 16 106 人，占总人数的 68.64%，较上年增长 20.57%，2020—2022 年年均增长率为 14.92%。2020—2022 年山东省科技服务业事业单位 R&D 人员折合全时工作量呈现波动上升趋势，2022 年 R&D 人员折合全时工作量为 19 381 人年，较上年增长 21.10%，2020—2022 年年均增长率为 10.53%，其中，基础研究人员占比 25.68%，应用研究人员占比 29.00%，试验发展人员占比 45.32%。

R&D 经费支出主要集中于试验发展，主要来源于政府资金。2020—2022 年山东省科技服务业事业单位 R&D 经费支出呈现稳步提高的趋势，2022 年 R&D 经费支出 96.52 亿元。从活动类型看，2020—2022 年科技服务业事业单位 R&D 经费支出中基础研究支出占比从 23.70% 增长到 26.92%，应用研究支出占比从 40.69% 下降到 26.28%，试验发展支出占比从 35.61% 增长到 46.79%；从研发经费来源看，2020—2022 年科技服务业事业单位 R&D 经费支出中政府资金支出占比从 85.83% 下降到 79.39%，企业资金支出占比从 6.08% 增长到 6.61%，国外及其他资金占比从 8.10% 增长到 14.00%（表 4-3）。

表 4-3　2020—2022 年山东省科技服务业事业单位 R&D 经费支出分类情况

单位：亿元

指标		2020 年	2021 年	2022 年
R&D 经费支出		68.16	85.09	96.52
按活动类型	基础研究经费支出	16.16（23.70%）	20.01（23.52%）	25.99（26.92%）
	应用研究经费支出	27.73（40.69%）	21.70（25.50%）	25.37（26.28%）
	试验发展经费支出	24.27（35.61%）	43.38（50.98%）	45.17（46.79%）
按经费来源	政府资金	58.50（85.83%）	71.33（83.84%）	76.63（79.39%）
	企业资金	4.14（6.08%）	5.93（6.97%）	6.38（6.61%）
	国外及其他资金	5.52（8.10%）	7.82（9.20%）	13.51（14.00%）

3. 创新产出能力

创新产出能力主要从 3 个方面进行考虑：一是知识性产出，包括论文和著作；二是专利产出；三是其他产出，包括形成的国家或行业标准数。

发表科技论文数缓慢增长，出版科技著作数基本持平。2020—2022 年山东省科技服务业事业单位发表科技论文数缓慢增长，由每年 8368 篇上升至 8822 篇，2020—2022 年年均增长率为 2.68%；2020—2022 年山东省科技服务业事业单位出版科技著作数基本稳定，由 238 种下降至 235 种。

专利授权数及拥有有效发明专利总数增长迅猛。2020—2022 年山东省科技服务业事业单位专利授权数逐年增长，2022 年专利授权数为 4069 件，较上年增长 44.34%，较 2020 年增长超 0.7 倍，2020—2022 年年均增长率为 33.33%；2020—2022 年山东省科技服务业事业单位拥有有效发明专利总数稳定增长，2022 年拥有有效发明专利总数达到 10 557 件，较上年增长 22.13%，2020—2022 年年均增长率为 19.76%。

形成国家或行业标准数增长稳定。2020—2022 年山东省科技服务业事业单位形成国家或行业标准数逐步增长，2020—2022 年形成国家或行业标准数由每年 184 项增长至 265 项，2020—2022 年年均增长率为 20.01%（表 4-4）。

表 4-4 2020—2022 年山东省科技服务业事业单位创新产出情况

指标	2020 年	2021 年	2022 年
科技论文 / 篇	8368	7829	8822
科技著作 / 种	238	149	235
专利授权数 / 件	2289	2819	4069
拥有有效发明专利总数 / 件	7361	8644	10 557
形成国家或行业标准数 / 项	184	219	265

4. 社会服务能力

社会服务能力主要从科技成果转化、对外科技服务情况和科研人才培养 3 个方面考虑，包括专利所有权转让及许可收入、对外科技服务活动工作量、科技成果转化收入及培养硕博毕业生数量。

专利所有权转让及许可收入大幅下降。2020—2022 年山东省科技服务业事业单位专利所有权转让及许可收入呈现下降趋势，2020—2021 年专利所有权转让及许可收入由 0.17 亿元增长至 0.42 亿元，2022 年下降至 0.11 亿元，较 2021 年下降 74.33%。

对外科技服务活动工作量稳定增长。2020—2022 年山东省科技服务业事业单位对外科技服务活动工作量呈现稳定的趋势，2020—2021 年对外科技服务活动工作量由 6583 人年下降至 6480 人年，2022 年增长至 7195 人年，较上年增长 11.03%，2020—2022 年年均增长率为 4.55%。

科技成果转化收入大幅增长。2020—2022 年山东省科技服务业事业单位科技成果转化收入持续增长，由 6.13 亿元增长至 11.15 亿元，2022 年较上年增长 34.99%，2020—2022 年年均增长率为 34.87%。

培养毕业生质量连续提升。2020—2022 年山东省科技服务业事业单位培养硕博毕业生数量持续增长，2020—2022 年培养硕博毕业生数量由 785 人增长至 1019 人，2022 年较上年增长 22.04%，2020—2022 年年均增长率为 13.93%（表 4-5）。

表 4-5　2020—2022 年山东省科技服务业事业单位社会服务情况

指标	2020 年	2021 年	2022 年
专利所有权转让及许可收入 / 万元	1729	4203	1079
对外科技服务活动工作量 / 人年	6583	6480	7195
科技成果转化收入 / 亿元	6.13	8.26	11.15
培养硕博毕业生数量 / 人	785	835	1019

二、存在问题

（一）创新基础薄弱，科研条件有待改善

2022 年，山东省科技服务业事业单位数量保持平稳，增量集聚乏力，创新基础中济南和青岛科研仪器设备价值占全省总量的 84.98%、科研房屋建筑物价值占全省的 73.45%、R&D 人员中硕博学历人员占全省的 72.79%，其余地市创新基础薄弱，科研条件，如科研仪器设备、科研房屋建筑物，有待改善，硬件设施条件有限，不能为高层次人才和团队提供相应的科研工作设备和场所，导致高层次人才作用发挥不能达到最大化，科研带头人数量增长乏力，难以承接更多和更大的国家级和省级重大科研项目。

（二）科技创新氛围不够浓厚，研发投入强度有待增强

2020—2022 年山东省科技服务业事业单位研发投入总量和强度一直维持在较高水平，但从创新型省份建设和新旧动能转换的需求来看，还存在着上升的空间。目前一些科技服务业事业单位受引进国外技术设备推动企业转型升级惯性思维影响，仅热衷于引进国外技术设备，满足于短期经济效益，对科技创新不够重视。

（三）政府研发经费投入有限，引导力度有待加强

2020—2022 年山东省科技服务业事业单位政府 R&D 经费支出额与企业 R&D 经费支出资金始终保持一定的比例，政府 R&D 经费与企业 R&D 经费的比值保持在 10 左右。政府资金投入的多寡往往成为科技服务业事业单位研发投入的风向标，但政府研发资金投入增长速度相对较慢，2020—2022 年山东省科技服务业事业单位政府研发资金投入占比由 85.83% 到 79.39%。

（四）基础研究重视不足，研发经费支出结构有待优化

2022 年，山东省科技服务业事业单位 R&D 经费支出中基础研究占比仅为 26.92%，R&D 课题中基础研究课题数增长缓慢，科技服务业事业单位科技创新专注于跟踪式研究、应用研究，对基础研究重视程度远远不够，科研较注重功利性，限制了科学技术的发展，诸多"卡脖子"技术、重点领域关键核心技术受制于人的问题依然比较突出。

（五）投入产出效果不理想，对地方经济支撑有待提高

2020—2022 年，山东省科技服务业事业单位创新产出主要集中在论文、著作等知识性产出方面，国家或行业标准数、软件著作权等经济效益型产出增长缓慢。在一定程度上可以看出全省科技服务业事业单位科研产出"论文化"现象严重，产学研深度融合不足，产学研合作机制不健全，科技成果市场转化不畅，科技创新对地方经济发展支撑作用不明显。

（六）社会服务能力不足，与市场融合度有待增加

2020—2022 年，山东省科技服务业事业单位专利所有权转让及许可收入大幅下降，对外科技服务活动工作量和培养硕博毕业生数量增长乏力，市场化服务能力不足。一些科研成果因没有贴近经济发展主战场只能被束之高阁，而市场需要的科技成果却非常缺乏，造成科研与产业发展"两张皮"，产业发展所需要的关键核心技术受制于人。

三、提升对策

（一）深化科技服务业事业单位体制改革，推动机构转型升级

一是实行更科学合理的分类管理机制。山东省应按照各科技服务业事业单位的职责使命、主要业务活动类型和属性等给予其不同的支持和考核评价方式，突出机构的战略定位和分类管理，并保障其在内部管理、薪酬激励上拥有充分自主权。强化科技主管部门在科技服务业事业单位设置、评估和资源配置方面的统筹管理作用，建立相应的审核、预算统筹机制，减少重复建设和同质化竞争。

二是加快有山东特色的创新体系建设。要遵循规律、问题导向、系统设计、分类施策，切实解决山东省科技服务业事业单位历史遗留问题。持续深化科研管理领域的"放管服"改革，优化科技创新生态，鼓励、引导科研人员多出成果、快出成果、出好成果。

（二）完善创新基础，激发科技服务业事业单位创新能力

一是巩固提升现有科技服务业事业单位实力。在事业单位改革中，尽量保留现有政府部门属科技服务业事业单位的事业体制，但改变过去事业编制与人员一一对应的做法，实施灵活的用人制度，赋予市场化运作自主权，改善基础设施条件，提升现有机构的创新活力。

二是培训引进新型研发机构。研发机构作为集聚创新要素、整合跨界资源、支撑科技创新的核心载体，山东省应培育一批具有市场运作、开放协同的新型研发机构，特别是高技术、大资本、全球化的高端研发机构。同时，大力引进国家级研发机构来山东省建立研发基地，吸引高层次创新人才，为山东省基础和前沿研究、战略高技术研究提供支撑。

（三）增加创新投入，优化研发经费支出结构

一是加大对基础研究的支持力度。拓宽山东省科技服务业事业单位基础研究经费投入渠道，逐步提高基础研究占研发投入比例，加大对长期重点基础研究项目、重点团队和科研基地的稳定支持。同时支持省内科技服务业事业单位制度创新、承担国家科研任务。推动产学研协作融通，形成基础研究、应用研究和技术创新贯通发展的科技创新生态。

二是加大对研发活动的引导力度。山东省各级政府将科技创新作为财政支出重点领域，应统筹各类科技创新发展资金，加大财政科技投入力度，将更多资金用于科技服务业事业单位的研发基础设施建设、人才培养等科研能力培育，引导资金更多地用于科技服务业事业单位的科技创新。

（四）提高创新产出效果，推动科技成果转化

一是深化"产学研"协同创新。山东省应强化政府引导扶持作用，构建"产学研"双方利益与风险共担机制，完善各类产学研合作平台，为科技服务业事业单位

与企业、高校提供交流和合作的机会。同时，加强人才培养和技术创新，为产学研深度合作和协同创新提供人才和技术支持。

二是推动科技成果转移转化。山东省应实行严格的知识产权保护制度，建立专业化、市场化知识产权运营服务机构，发挥市场在资源配置中的决定性作用，积极引导科技服务业事业单位研发人员创造高质量、高价值知识产权，有效提高科技成果转化效能，促进科技成果向现实生产力转化的渠道更加畅通。

（五）提升社会服务能力，强调市场导向

一是精准对接产业需求。充分对接国家发展战略需求、全球性战略需求、区域发展战略需求、行业企业需求，科技服务业事业单位需凝练科学问题，形成倾向开展科研项目清单，依据产业创新链需求制定学科专业建设和人才培养体系。同时，科技服务业事业单位还可以联合企业推出科研项目，引导企业，尤其是科技领军企业和"专精特新"企业，成为基础研究的重要主体。

二是完善科研评价体系。不能简单以科研成果完成人排序作为衡量标准，而要强调科研成果的实际贡献，引导科技服务业事业单位科研人员更加关注并对接山东省战略性需求，强化协同创新。同时，在科研选题、项目验收等环节，发挥行业重要作用，与产业应用结合紧密的项目合作，选取活跃在生产一线的技术专家和管理专家参与评审等。

附　录

表 1　机构、人员

序号	指标	行号	机构数	从业人员年末人数
			家	人
1	总计	00	268	30 502
2	1.按机构所属地域分布			
3	山东省	370000	268	30 502
4	济南市	370100	90	12 958
5	历下区	370102	28	3167
6	市中区	370103	10	1319
7	槐荫区	370104	8	558
8	天桥区	370105	6	617
9	历城区	370112	15	3801
10	济阳区	370115	2	87
11	平阴县	370124	1	16
12	济南高新技术产业开发区	370171	20	3393
13	青岛市	370200	56	7977
14	市辖区	370201	1	122
15	市南区	370202	8	2275
16	市北区	370203	5	338
17	黄岛区	370211	2	247
18	崂山区	370212	13	2810
19	李沧区	370213	5	358
20	城阳区	370214	9	605
21	即墨区	370215	8	1090
22	青岛高新技术产业开发区	370271	4	120
23	莱西市	370285	1	12
24	淄博市	370300	15	711
25	市辖区	370301	8	343
26	张店区	370303	6	362
27	周村区	370306	1	6
28	枣庄市	370400	3	100
29	薛城区	370403	2	63
30	滕州市	370481	1	37

和经费概况（2022 年）

#科技活动人员（不含外聘的流动学者和在读研究生）		经费收入总额	#科技活动收入	经费内部支出总额	#科技经费内部支出
	#本科及以上学历				
人	人	万元	万元	万元	万元
25 372	22 343	1 862 969	1 440 160	1 902 135	1 480 176
25 372	22 343	1 862 969	1 440 160	1 902 135	1 480 176
10 548	9466	811 779	572 623	848 736	598 180
2605	2362	266 737	134 702	258 202	143 161
784	716	62 120	35 728	66 300	31 583
440	387	29 948	18 624	33 353	22 055
518	468	31 062	28 586	29 580	26 843
3426	3037	217 996	183 527	227 150	187 597
82	79	9287	8889	4690	4186
16	9	342	342	342	342
2677	2408	194 289	162 224	229 119	182 413
6965	6360	582 930	478 252	575 305	499 611
122	118	473	473	2884	2884
1719	1564	153 177	110 761	148 109	107 160
298	221	17 944	16 705	18 187	16 353
173	146	12 758	9912	15 077	12 723
2552	2368	199 961	179 665	200 154	182 293
356	300	17 000	14 991	15 430	13 966
553	535	46 649	19 931	37 713	29 833
1069	993	128 211	119 852	131 616	128 778
113	108	6124	5332	5709	5196
10	7	633	630	428	425
573	497	17 422	15 602	19 950	16 978
282	251	7784	7102	9152	8519
285	241	9637	8500	10 697	8359
6	5	1	1	100	100
94	74	1696	1679	1767	1741
59	39	1292	1275	1363	1356
35	35	404	404	405	385

序号	指标	行号	机构数	从业人员年末人数
			家	人
31	东营市	370500	9	205
32	市辖区	370501	3	114
33	东营区	370502	2	38
34	垦利区	370505	4	53
35	烟台市	370600	18	1799
36	市辖区	370601	1	62
37	芝罘区	370602	5	381
38	福山区	370611	3	630
39	莱山区	370613	4	434
40	蓬莱区	370614	2	61
41	烟台高新技术产业开发区	370671	2	113
42	烟台经济技术开发区	370672	1	118
43	潍坊市	370700	10	1046
44	市辖区	370701	1	113
45	潍城区	370702	2	124
46	寒亭区	370703	1	147
47	坊子区	370704	1	440
48	奎文区	370705	2	57
49	寿光市	370783	2	147
50	昌邑市	370786	1	18
51	济宁市	370800	9	1472
52	市辖区	370801	1	118
53	任城区	370811	4	543
54	兖州区	370812	1	737
55	微山县	370826	1	20
56	济宁高新技术产业开发区	370871	1	29
57	邹城市	370883	1	25
58	泰安市	370900	8	1095
59	泰山区	370902	7	738
60	岱岳区	370911	1	357
61	威海市	371000	12	432
62	市辖区	371001	4	253

续表

#科技活动人员（不含外聘的流动学者和在读研究生）	#本科及以上学历	经费收入总额	#科技活动收入	经费内部支出总额	#科技经费内部支出
人	人	万元	万元	万元	万元
197	174	6244	5822	4811	4368
114	102	4005	4005	3198	2801
33	28	1342	1002	1077	1051
50	44	897	814	537	517
1739	1560	164 361	159 773	167 903	161 859
62	61	2487	1971	2345	1685
354	307	14 905	13 485	14 896	13 594
597	530	29 563	27 675	29 628	25 887
434	396	20 008	19 361	21 445	21 219
61	42	1747	1657	2914	2807
113	109	44 722	44 695	47 368	47 361
118	115	50 929	50 929	49 307	49 307
909	772	61 809	47 665	60 073	43 171
94	69	4194	3300	4231	3831
111	84	5342	5270	5551	4024
111	91	4423	4055	4090	2391
440	414	31 981	31 981	29 631	29 629
57	50	1201	1137	1202	1138
78	54	13 371	625	13 977	767
18	10	1297	1297	1392	1392
1351	900	69 048	60 600	72 355	58 433
112	95	3100	2748	3071	2688
436	347	24 158	19 519	23 584	19 773
737	401	34 958	31 501	36 381	31 460
17	11	600	600	433	424
29	26	6032	6032	8751	3962
20	20	200	200	136	127
797	705	48 556	33 526	50 457	33 197
610	523	28 045	25 531	29 808	25 307
187	182	20 511	7995	20 648	7890
304	260	9320	5597	10 568	6862
153	143	4694	2212	4787	2569

序号	指标	行号	机构数	从业人员年末人数
			家	人
63	环翠区	371002	3	35
64	文登区	371003	2	58
65	荣成市	371082	2	69
66	乳山市	371083	1	17
67	日照市	371100	11	792
68	市辖区	371101	5	313
69	东港区	371102	6	479
70	临沂市	371300	6	863
71	市辖区	371301	2	159
72	兰山区	371302	2	552
73	河东区	371312	1	95
74	莒南县	371327	1	57
75	德州市	371400	5	144
76	市辖区	371401	1	111
77	德城区	371402	1	6
78	齐河县	371425	1	9
79	禹城市	371482	2	18
80	聊城市	371500	4	261
81	市辖区	371501	4	261
82	滨州市	371600	6	284
83	市辖区	371601	6	284
84	菏泽市	371700	6	363
85	市辖区	371701	3	133
86	牡丹区	371702	2	97
87	菏泽经济技术开发区	371771	1	133
88	2.按机构所属隶属关系分布			
89	中央部门属	010	22	5223
90	中国科学院	011	4	2116
91	非中央部门属	020	246	25 279
92	省级部门属	021	84	13 525
93	副省级城市属	022	33	4016
94	地市级部门属	023	77	5167

续表

#科技活动人员（不含外聘的流动学者和在读研究生）	#本科及以上学历	经费收入总额	#科技活动收入	经费内部支出总额	#科技经费内部支出
人	人	万元	万元	万元	万元
34	33	846	530	1199	1192
53	44	1250	1228	2052	1567
59	35	2225	1593	2225	1453
5	5	305	34	305	81
445	347	30 667	10 580	31 293	11 773
193	178	8541	6363	8896	6950
252	169	22 126	4217	22 396	4824
588	501	30 279	25 860	30 619	23 614
129	106	5227	4894	4542	4164
307	246	21 922	17 905	24 972	18 345
95	94	738	669	1065	1065
57	55	2392	2392	41	41
125	101	5792	2665	5155	2025
92	76	4262	1158	3987	886
6	6	98	87	98	98
9	9	269	257	204	175
18	10	1163	1163	866	866
179	137	7392	5447	7119	5167
179	137	7392	5447	7119	5167
265	243	6404	5922	6715	6087
265	243	6404	5922	6715	6087
293	246	9273	8548	9310	7110
117	95	3374	3276	3804	3171
97	85	2102	1969	1765	1765
79	66	3797	3303	3742	2175
4643	4187	353 478	305 170	356 800	327 623
2116	1899	120 159	118 565	120 926	118 369
20 729	18 156	1 509 492	1 134 989	1 545 335	1 152 553
11 096	9647	846 380	653 195	847 953	634 413
2996	2691	315 484	178 822	323 937	206 660
4281	3657	269 193	233 949	271 074	224 198

序号	指标	行号	机构数	从业人员年末人数
			家	人
95	3.按机构从事的国民经济行业分布			
96	科学研究和技术服务业	M	268	30 502
97	研究和试验发展	73	180	22 480
98	专业技术服务业	74	43	6408
99	科技推广和应用服务业	75	45	1614
100	4.按机构服务的国民经济行业分布			
101	农、林、牧、渔业	A	41	3850
102	农业	01	14	1491
103	林业	02	6	309
104	畜牧业	03	2	200
105	渔业	04	7	1107
106	农、林、牧、渔专业及辅助性活动	05	12	743
107	制造业	C	35	4004
108	农副食品加工业	13	1	34
109	食品制造业	14	2	241
110	纺织业	17	1	25
111	皮革、毛皮、羽毛及其制品和制鞋业	19	1	18
112	家具制造业	21	1	9
113	造纸和纸制品业	22	1	52
114	文教、工美、体育和娱乐用品制造业	24	1	14
115	化学原料和化学制品制造业	26	5	362
116	医药制造业	27	4	715
117	化学纤维制造业	28	2	41
118	黑色金属冶炼和压延加工业	31	1	57
119	专用设备制造业	35	4	599
120	汽车制造业	36	1	40
121	铁路、船舶、航空航天和其他运输设备制造业	37	2	174
122	计算机、通信和其他电子设备制造业	39	4	417
123	仪器仪表制造业	40	3	541
124	其他制造业	41	1	665
125	建筑业	E	2	108
126	房屋建筑业	47	2	108

#科技活动人员（不含外聘的流动学者和在读研究生）	#本科及以上学历	经费收入总额	#科技活动收入	经费内部支出总额	#科技经费内部支出
人	人	万元	万元	万元	万元
25 372	22 343	1 862 969	1 440 160	1 902 135	1 480 176
19 295	17 193	1 468 451	1 161 607	1 499 104	1 194 327
4603	3806	345 283	236 761	349 594	243 291
1474	1344	49 235	41 791	53 438	42 559
3379	2859	182 366	168 533	180 313	165 351
1376	1173	72 799	67 493	74 292	68 413
299	254	11 623	10 865	11 626	10 864
193	152	9642	8596	9986	8868
806	686	56 523	53 783	56 259	52 906
705	594	31 779	27 796	28 149	24 300
3558	3068	317 240	174 609	294 503	201 791
34	29	773	773	630	630
230	225	26 946	8221	21 396	20 710
22	13	1132	724	1102	540
12	7	333	183	360	192
9	7	172	28	240	175
35	32	582	273	676	270
14	11	571	340	586	394
331	286	11 090	10 164	11 776	8893
599	530	39 320	36 707	42 557	38 381
32	15	535	535	606	499
57	55	2392	2392	41	41
544	473	34 613	30 932	32 045	29 044
38	35	2260	2080	825	644
174	147	7782	7782	7580	7580
221	178	119 161	12 412	93 875	15 707
541	494	37 858	29 501	37 986	35 867
665	531	31 720	31 562	42 225	42 225
77	69	3848	3047	3832	2439
77	69	3848	3047	3832	2439

序号	指标	行号	机构数	从业人员年末人数
			家	人
127	交通运输、仓储和邮政业	G	2	351
128	铁路运输业	53	1	77
129	道路运输业	54	1	274
130	信息传输、软件和信息技术服务业	I	6	590
131	软件和信息技术服务业	65	6	590
132	租赁和商务服务业	L	1	15
133	商务服务业	72	1	15
134	科学研究和技术服务业	M	162	19 185
135	研究和试验发展	73	82	9661
136	专业技术服务业	74	46	8519
137	科技推广和应用服务业	75	34	1005
138	水利、环境和公共设施管理业	N	9	841
139	水利管理业	76	1	204
140	生态保护和环境治理业	77	7	524
141	公共设施管理业	78	1	113
142	教育	P	1	55
143	教育	83	1	55
144	卫生和社会工作	Q	7	1353
145	卫生	84	7	1353
146	文化、体育和娱乐业	R	1	97
147	文化艺术业	88	1	97
148	公共管理、社会保障和社会组织	S	1	53
149	国家机构	92	1	53
150	5.按机构所属学科分布			
151	自然科学	A	35	6897
152	信息科学与系统科学	120	5	688
153	物理学	140	4	982
154	化学	150	4	477
155	地球科学	170	14	4348
156	生物学	180	8	402
157	农业科学	B	56	6476
158	农学	210	28	4236

续表

#科技活动人员（不含外聘的流动学者和在读研究生）	#本科及以上学历	经费收入总额	#科技活动收入	经费内部支出总额	#科技经费内部支出
人	人	万元	万元	万元	万元
311	300	27 263	23 244	22 549	22 261
77	77	8997	5169	6215	6215
234	223	18 266	18 075	16 333	16 046
532	523	32 219	30 212	32 515	27 793
532	523	32 219	30 212	32 515	27 793
9	8	32	3	926	256
9	8	32	3	926	256
15 886	14 098	1 148 660	957 748	1 215 229	981 038
9154	8404	683 443	649 961	715 704	668 265
5769	4822	438 208	282 585	466 801	287 575
963	872	27 009	25 203	32 724	25 198
782	712	41 752	37 191	45 675	38 924
199	188	13 251	12 427	15 451	14 629
470	450	23 826	20 450	25 534	20 028
113	74	4676	4314	4689	4267
55	53	2414	2188	2428	2202
55	53	2414	2188	2428	2202
633	515	85 050	22 019	85 085	20 035
633	515	85 050	22 019	85 085	20 035
97	95	19 921	19 864	16 413	15 846
97	95	19 921	19 864	16 413	15 846
53	43	2204	1501	2669	2240
53	43	2204	1501	2669	2240
6166	5296	420 501	389 671	466 174	424 728
656	637	12 995	10 998	25 383	21 588
970	818	49 817	49 059	62 276	58 741
347	299	16 942	15 202	17 055	15 367
3899	3267	322 666	299 816	340 651	311 801
294	275	18 081	14 597	20 810	17 231
5943	5011	330 957	307 060	325 969	303 124
4041	3446	226 330	208 166	223 561	207 098

序号	指标	行号	机构数	从业人员年末人数
			家	人
159	林学	220	10	460
160	畜牧、兽医科学	230	5	441
161	水产学	240	13	1339
162	医学科学	C	21	2775
163	基础医学	310	4	397
164	临床医学	320	3	650
165	预防医学与公共卫生学	330	3	475
166	药学	350	9	1090
167	中医学与中药学	360	2	163
168	工程与技术科学	D	131	13 185
169	工程与技术科学基础学科	410	20	1323
170	信息与系统科学相关工程与技术	413	4	442
171	自然科学相关工程与技术	416	11	1296
172	测绘科学技术	420	4	788
173	材料科学	430	9	597
174	冶金工程技术	450	2	89
175	机械工程	460	7	308
176	动力与电气工程	470	2	318
177	能源科学技术	480	5	1030
178	核科学技术	490	1	66
179	电子与通信技术	510	7	925
180	计算机科学技术	520	8	594
181	化学工程	530	8	647
182	产品应用相关工程与技术	535	7	191
183	纺织科学技术	540	2	48
184	食品科学技术	550	4	191
185	土木建筑工程	560	4	629
186	水利工程	570	1	204
187	交通运输工程	580	2	351
188	航空、航天科学技术	590	1	72
189	环境科学技术及资源科学技术	610	12	1557
190	安全科学技术	620	4	581

续表

#科技活动人员（不含外聘的流动学者和在读研究生）	#本科及以上学历	经费收入总额	#科技活动收入	经费内部支出总额	#科技经费内部支出
人	人	万元	万元	万元	万元
449	352	16 853	15 588	16 955	15 705
428	351	23 907	22 454	23 044	21 497
1025	862	63 867	60 852	62 409	58 824
1902	1667	189 730	122 538	197 266	126 429
290	256	16 013	11 250	16 827	12 777
222	213	59 361	7465	58 802	9190
293	206	15 930	9438	18 405	6905
938	836	91 533	88 106	96 433	91 341
159	156	6894	6278	6800	6216
10 234	9330	860 516	563 388	853 784	572 792
935	857	59 692	46 761	75 137	48 052
381	366	16 643	15 586	16 526	15 821
951	854	134 296	104 094	130 945	89 268
527	469	61 345	42 538	63 308	37 307
579	531	27 756	26 954	26 791	25 968
57	55	3819	2392	1466	41
232	174	11 427	8920	11 087	8106
315	306	14 721	14 721	32 409	32 377
1022	927	89 187	87 355	77 589	76 513
61	61	3810	3573	2054	1550
763	674	154 495	39 272	128 779	49 332
509	495	36 368	33 824	34 378	28 898
543	482	42 453	10 429	40 496	25 869
146	132	5891	5831	5795	5614
41	18	1467	1059	1436	814
180	173	5423	4424	5480	4773
156	145	22 408	3992	26 922	7670
199	188	13 251	12 427	15 451	14 629
311	300	27 263	23 244	22 549	22 261
72	45	7256	7256	6824	6824
1143	1054	72 821	49 233	76 680	51 133
485	436	15 315	11 687	16 344	11 688

序号	指标	行号	机构数	从业人员年末人数
			家	人
191	管理学	630	6	938
192	人文与社会科学	E	25	1169
193	艺术学	760	2	70
194	考古学	780	1	97
195	经济学	790	1	15
196	社会学	840	4	427
197	图书馆、情报与文献学	870	16	505
198	教育学	880	1	55
199	6.按机构从业人员规模分布			
200	≥1000人	00	1	1182
201	500～999人	01	8	5679
202	300～499人	02	10	3663
203	200～299人	03	17	4333
204	100～199人	04	62	8680
205	50～99人	05	62	4326
206	30～49人	06	38	1506
207	20～29人	07	26	614
208	10～19人	08	30	423
209	0～9人	09	14	96

续表

#科技活动人员（不含外聘的流动学者和在读研究生）	#本科及以上学历	经费收入总额	#科技活动收入	经费内部支出总额	#科技经费内部支出
人	人	万元	万元	万元	万元
626	588	33 410	7817	35 340	8284
1127	1039	61 266	57 504	58 943	53 104
70	63	3158	2926	3173	2981
97	95	19 921	19 864	16 413	15 846
9	8	32	3	926	256
394	383	19 490	17 566	19 567	17 081
502	437	16 251	14 956	16 436	14 737
55	53	2414	2188	2428	2202
1182	988	81 169	76 845	78 879	76 338
4904	4106	307 041	271 292	329 230	289 610
2849	2634	269 003	207 692	280 176	212 177
3098	2803	346 023	167 007	345 772	197 122
7063	6260	511 696	406 316	534 926	429 580
3908	3564	254 830	226 729	236 647	195 457
1326	1117	48 989	43 792	49 745	41 578
579	478	26 847	25 054	29 075	22 539
375	310	12 306	10 561	13 272	11 515
88	83	5066	4873	4416	4260

表 2　人员

序号	指标	行号	从业人员
1	总计	00	30 502
2	1. 按机构所属地域分布		
3	山东省	370000	30 502
4	济南市	370100	12 958
5	历下区	370102	3167
6	市中区	370103	1319
7	槐荫区	370104	558
8	天桥区	370105	617
9	历城区	370112	3801
10	济阳区	370115	87
11	平阴县	370124	16
12	济南高新技术产业开发区	370171	3393
13	青岛市	370200	7977
14	市辖区	370201	122
15	市南区	370202	2275
16	市北区	370203	338
17	黄岛区	370211	247
18	崂山区	370212	2810
19	李沧区	370213	358
20	城阳区	370214	605
21	即墨区	370215	1090
22	青岛高新技术产业开发区	370271	120
23	莱西市	370285	12
24	淄博市	370300	711
25	市辖区	370301	343
26	张店区	370303	362
27	周村区	370306	6
28	枣庄市	370400	100
29	薛城区	370403	63
30	滕州市	370481	37
31	东营市	370500	205
32	市辖区	370501	114

概况（2022 年）

计量单位：人

#科技活动人员（不含外聘的流动学者和在读研究生）	#女性	外聘的流动学者	非本单位在读研究生	离退休人员
25 372	9401	4560	3327	15 242
25 372	9401	4560	3327	15 242
10 548	3997	784	963	6131
2605	1104	112	626	2462
784	286	28	0	888
440	210	14	98	195
518	164	19	0	343
3426	1344	66	172	1996
82	16	64	4	0
16	3	1	0	4
2677	870	480	63	243
6965	2671	3116	1918	3222
122	17	40	7	2
1719	714	41	803	1086
298	126	29	0	208
173	61	52	36	1
2552	1032	175	691	1074
356	144	25	21	245
553	190	414	148	13
1069	342	2301	206	516
113	39	39	6	77
10	6	0	0	0
573	206	44	7	382
282	126	32	6	46
285	79	9	0	336
6	1	3	1	0
94	27	57	13	74
59	17	12	0	74
35	10	45	13	0
197	47	44	9	9
114	21	0	0	6

序号	指标	行号	从业人员
33	东营区	370502	38
34	垦利区	370505	53
35	烟台市	370600	1799
36	市辖区	370601	62
37	芝罘区	370602	381
38	福山区	370611	630
39	莱山区	370613	434
40	蓬莱区	370614	61
41	烟台高新技术产业开发区	370671	113
42	烟台经济技术开发区	370672	118
43	潍坊市	370700	1046
44	市辖区	370701	113
45	潍城区	370702	124
46	寒亭区	370703	147
47	坊子区	370704	440
48	奎文区	370705	57
49	寿光市	370783	147
50	昌邑市	370786	18
51	济宁市	370800	1472
52	市辖区	370801	118
53	任城区	370811	543
54	兖州区	370812	737
55	微山县	370826	20
56	济宁高新技术产业开发区	370871	29
57	邹城市	370883	25
58	泰安市	370900	1095
59	泰山区	370902	738
60	岱岳区	370911	357
61	威海市	371000	432
62	市辖区	371001	253
63	环翠区	371002	35
64	文登区	371003	58
65	荣成市	371082	69

续表

#科技活动人员（不含外聘的流动学者和在读研究生）	#女性	外聘的流动学者	非本单位在读研究生	离退休人员
33	18	6	0	2
50	8	38	9	1
1739	662	133	321	666
62	28	10	15	0
354	147	2	0	308
597	192	5	60	254
434	187	60	183	96
61	14	0	0	8
113	50	26	63	0
118	44	30	0	0
909	368	65	5	321
94	39	0	0	144
111	36	17	0	64
111	15	0	0	0
440	234	35	0	0
57	23	0	0	30
78	15	13	5	81
18	6	0	0	2
1351	375	5	15	1311
112	20	0	0	27
436	168	0	15	355
737	170	0	0	929
17	4	0	0	0
29	11	0	0	0
20	2	5	0	0
797	287	11	20	857
610	207	11	20	282
187	80	0	0	575
304	100	143	25	87
153	47	89	0	17
34	21	13	0	0
53	11	41	25	20
59	19	0	0	50

序号	指标	行号	从业人员
66	乳山市	371083	17
67	日照市	371100	792
68	市辖区	371101	313
69	东港区	371102	479
70	临沂市	371300	863
71	市辖区	371301	159
72	兰山区	371302	552
73	河东区	371312	95
74	莒南县	371327	57
75	德州市	371400	144
76	市辖区	371401	111
77	德城区	371402	6
78	齐河县	371425	9
79	禹城市	371482	18
80	聊城市	371500	261
81	市辖区	371501	261
82	滨州市	371600	284
83	市辖区	371601	284
84	菏泽市	371700	363
85	市辖区	371701	133
86	牡丹区	371702	97
87	菏泽经济技术开发区	371771	133
88	2. 按机构所属隶属关系分布		
89	中央部门属	010	5223
90	中国科学院	011	2116
91	非中央部门属	020	25 279
92	省级部门属	021	13 525
93	副省级城市属	022	4016
94	地市级部门属	023	5167
95	3. 按机构从事的国民经济行业分布		
96	科学研究和技术服务业	M	30 502
97	研究和试验发展	73	22 480
98	专业技术服务业	74	6408

续表

#科技活动人员（不含外聘的流动学者和在读研究生）	#女性	外聘的流动学者	非本单位在读研究生	离退休人员
5	2	0	0	0
445	172	7	14	547
193	112	2	0	12
252	60	5	14	535
588	173	110	15	1067
129	49	2	0	150
307	84	1	0	917
95	37	53	15	0
57	3	54	0	0
125	52	9	0	117
92	40	0	0	112
6	2	0	0	5
9	3	5	0	0
18	7	4	0	0
179	70	5	0	125
179	70	5	0	125
265	97	27	2	101
265	97	27	2	101
293	97	0	0	225
117	30	0	0	119
97	33	0	0	48
79	34	0	0	58
4643	1739	448	1714	2383
2116	841	102	1176	726
20 729	7662	4112	1613	12 859
11 096	4467	236	1048	9108
2996	985	2760	121	1382
4281	1475	414	116	2193
25 372	9401	4560	3327	15 242
19 295	7355	3781	3224	10 760
4603	1571	409	18	4201

序号	指标	行号	从业人员
99	科技推广和应用服务业	75	1614
100	4.按机构服务的国民经济行业分布		
101	农、林、牧、渔业	A	3850
102	农业	01	1491
103	林业	02	309
104	畜牧业	03	200
105	渔业	04	1107
106	农、林、牧、渔专业及辅助性活动	05	743
107	制造业	C	4004
108	农副食品加工业	13	34
109	食品制造业	14	241
110	纺织业	17	25
111	皮革、毛皮、羽毛及其制品和制鞋业	19	18
112	家具制造业	21	9
113	造纸和纸制品业	22	52
114	文教、工美、体育和娱乐用品制造业	24	14
115	化学原料和化学制品制造业	26	362
116	医药制造业	27	715
117	化学纤维制造业	28	41
118	黑色金属冶炼和压延加工业	31	57
119	专用设备制造业	35	599
120	汽车制造业	36	40
121	铁路、船舶、航空航天和其他运输设备制造业	37	174
122	计算机、通信和其他电子设备制造业	39	417
123	仪器仪表制造业	40	541
124	其他制造业	41	665
125	建筑业	E	108
126	房屋建筑业	47	108
127	交通运输、仓储和邮政业	G	351
128	铁路运输业	53	77
129	道路运输业	54	274
130	信息传输、软件和信息技术服务业	I	590
131	软件和信息技术服务业	65	590

续表

#科技活动人员（不含外聘的流动学者和在读研究生）	#女性	外聘的流动学者	非本单位在读研究生	离退休人员
1474	475	370	85	281
3379	1325	72	396	2728
1376	544	37	171	1154
299	120	0	0	231
193	69	10	5	252
806	316	5	213	618
705	276	20	7	473
3558	1145	729	255	2202
34	21	3	9	1
230	67	312	0	117
22	8	0	0	137
12	5	0	0	34
9	2	0	0	29
35	11	0	0	68
14	7	0	0	50
331	94	6	20	97
599	282	12	50	56
32	12	0	0	64
57	3	54	0	0
544	224	2	0	338
38	9	18	6	1
174	36	139	0	1
221	76	40	0	754
541	155	6	167	455
665	133	137	3	0
77	25	5	0	83
77	25	5	0	83
311	81	23	0	2
77	16	18	0	0
234	65	5	0	2
532	139	116	370	86
532	139	116	370	86

序号	指标	行号	从业人员
132	租赁和商务服务业	L	15
133	商务服务业	72	15
134	科学研究和技术服务业	M	19 185
135	研究和试验发展	73	9661
136	专业技术服务业	74	8519
137	科技推广和应用服务业	75	1005
138	水利、环境和公共设施管理业	N	841
139	水利管理业	76	204
140	生态保护和环境治理业	77	524
141	公共设施管理业	78	113
142	教育	P	55
143	教育	83	55
144	卫生和社会工作	Q	1353
145	卫生	84	1353
146	文化、体育和娱乐业	R	97
147	文化艺术业	88	97
148	公共管理、社会保障和社会组织	S	53
149	国家机构	92	53
150	5.按机构所属学科分布		
151	自然科学	A	6897
152	信息科学与系统科学	120	688
153	物理学	140	982
154	化学	150	477
155	地球科学	170	4348
156	生物学	180	402
157	农业科学	B	6476
158	农学	210	4236
159	林学	220	460
160	畜牧、兽医科学	230	441
161	水产学	240	1339
162	医学科学	C	2775
163	基础医学	310	397
164	临床医学	320	650

续表

#科技活动人员（不含外聘的流动学者和在读研究生）	#女性	外聘的流动学者	非本单位在读研究生	离退休人员
9	3	0	0	0
9	3	0	0	0
15 886	5919	3598	2230	9404
9154	3593	3223	1469	3373
5769	2000	155	685	5734
963	326	220	76	297
782	345	8	4	280
199	76	4	4	143
470	234	4	0	17
113	35	0	0	120
55	30	0	0	33
55	30	0	0	33
633	320	9	72	364
633	320	9	72	364
97	38	0	0	29
97	38	0	0	29
53	31	0	0	31
53	31	0	0	31
6166	1993	2193	955	3580
656	160	12	0	51
970	230	164	9	77
347	196	0	0	128
3899	1270	1999	856	3252
294	137	18	90	72
5943	2486	208	575	4195
4041	1774	177	294	2760
449	162	1	1	385
428	156	25	67	358
1025	394	5	213	692
1902	943	233	244	601
290	134	10	66	151
222	118	9	45	34

序号	指标	行号	从业人员
165	预防医学与公共卫生学	330	475
166	药学	350	1090
167	中医学与中药学	360	163
168	工程与技术科学	D	13 185
169	工程与技术科学基础学科	410	1323
170	信息与系统科学相关工程与技术	413	442
171	自然科学相关工程与技术	416	1296
172	测绘科学技术	420	788
173	材料科学	430	597
174	冶金工程技术	450	89
175	机械工程	460	308
176	动力与电气工程	470	318
177	能源科学技术	480	1030
178	核科学技术	490	66
179	电子与通信技术	510	925
180	计算机科学技术	520	594
181	化学工程	530	647
182	产品应用相关工程与技术	535	191
183	纺织科学技术	540	48
184	食品科学技术	550	191
185	土木建筑工程	560	629
186	水利工程	570	204
187	交通运输工程	580	351
188	航空、航天科学技术	590	72
189	环境科学技术及资源科学技术	610	1557
190	安全科学技术	620	581
191	管理学	630	938
192	人文与社会科学	E	1169
193	艺术学	760	70
194	考古学	780	97
195	经济学	790	15
196	社会学	840	427
197	图书馆、情报与文献学	870	505

续表

#科技活动人员（不含外聘的流动学者和在读研究生）	#女性	外聘的流动学者	非本单位在读研究生	离退休人员
293	149	0	13	224
938	443	170	120	97
159	99	44	0	95
10 234	3484	1919	1503	6035
935	322	303	71	302
381	89	101	33	34
951	304	64	12	990
527	179	6	0	683
579	265	78	39	67
57	3	54	0	307
232	48	27	20	354
315	83	232	15	1
1022	397	82	384	50
61	13	11	0	0
763	232	29	174	1282
509	159	161	430	87
543	160	347	7	282
146	39	226	0	0
41	12	0	0	201
180	78	12	68	132
156	61	0	16	114
199	76	4	4	143
311	81	23	0	2
72	10	50	0	1
1143	512	88	183	677
485	73	2	0	197
626	288	19	47	129
1127	495	7	50	831
70	36	0	0	93
97	38	0	0	29
9	3	0	0	0
394	185	0	0	272
502	203	7	50	404

序号	指标	行号	从业人员
198	教育学	880	55
199	6. 按机构从业人员规模分布		
200	≥ 1000 人	00	1182
201	500 ~ 999 人	01	5679
202	300 ~ 499 人	02	3663
203	200 ~ 299 人	03	4333
204	100 ~ 199 人	04	8680
205	50 ~ 99 人	05	4326
206	30 ~ 49 人	06	1506
207	20 ~ 29 人	07	614
208	10 ~ 19 人	08	423
209	0 ~ 9 人	09	96

续表

#科技活动人员（不含外聘的流动学者和在读研究生）	#女性	外聘的流动学者	非本单位在读研究生	离退休人员
55	30	0	0	33
1182	547	32	98	692
4904	1694	181	1345	3042
2849	1123	1983	53	1496
3098	1119	317	496	2660
7063	2545	747	715	3988
3908	1510	408	402	1883
1326	493	287	95	965
579	189	197	79	320
375	146	304	35	159
88	35	104	9	37

表 3　从业人员

序号	指标	行号	从业人员
1	总计	00	30 502
2	1.按机构所属地域分布		
3	山东省	370000	30 502
4	济南市	370100	12 958
5	历下区	370102	3167
6	市中区	370103	1319
7	槐荫区	370104	558
8	天桥区	370105	617
9	历城区	370112	3801
10	济阳区	370115	87
11	平阴县	370124	16
12	济南高新技术产业开发区	370171	3393
13	青岛市	370200	7977
14	市辖区	370201	122
15	市南区	370202	2275
16	市北区	370203	338
17	黄岛区	370211	247
18	崂山区	370212	2810
19	李沧区	370213	358
20	城阳区	370214	605
21	即墨区	370215	1090
22	青岛高新技术产业开发区	370271	120
23	莱西市	370285	12
24	淄博市	370300	711
25	市辖区	370301	343
26	张店区	370303	362
27	周村区	370306	6
28	枣庄市	370400	100
29	薛城区	370403	63
30	滕州市	370481	37

按工作性质分（2022 年）

计量单位：人

#科技活动人员（不含外聘的流动学者和在读研究生）	科技管理人员	课题活动人员	科技服务人员	生产经营活动人员	其他人员
25 372	3874	18 476	3022	2581	2549
25 372	3874	18 476	3022	2581	2549
10 548	1608	7897	1043	1460	950
2605	404	1914	287	238	324
784	115	610	59	445	90
440	77	319	44	0	118
518	59	405	54	0	99
3426	585	2471	370	191	184
82	15	67	0	3	2
16	4	12	0	0	0
2677	349	2099	229	583	133
6965	1054	5041	870	285	727
122	35	80	7	0	0
1719	183	1235	301	0	556
298	91	140	67	0	40
173	21	131	21	17	57
2552	279	2097	176	218	40
356	70	245	41	0	2
553	121	295	137	45	7
1069	235	720	114	0	21
113	17	91	5	5	2
10	2	7	1	0	2
573	87	430	56	42	96
282	46	187	49	22	39
285	38	240	7	20	57
6	3	3	0	0	0
94	30	59	5	1	5
59	27	30	2	0	4
35	3	29	3	1	1

序号	指标	行号	从业人员
31	东营市	370500	205
32	市辖区	370501	114
33	东营区	370502	38
34	垦利区	370505	53
35	烟台市	370600	1799
36	市辖区	370601	62
37	芝罘区	370602	381
38	福山区	370611	630
39	莱山区	370613	434
40	蓬莱区	370614	61
41	烟台高新技术产业开发区	370671	113
42	烟台经济技术开发区	370672	118
43	潍坊市	370700	1046
44	市辖区	370701	113
45	潍城区	370702	124
46	寒亭区	370703	147
47	坊子区	370704	440
48	奎文区	370705	57
49	寿光市	370783	147
50	昌邑市	370786	18
51	济宁市	370800	1472
52	市辖区	370801	118
53	任城区	370811	543
54	兖州区	370812	737
55	微山县	370826	20
56	济宁高新技术产业开发区	370871	29
57	邹城市	370883	25
58	泰安市	370900	1095
59	泰山区	370902	738
60	岱岳区	370911	357
61	威海市	371000	432
62	市辖区	371001	253

续表

#科技活动人员（不含外聘的流动学者和在读研究生）	科技管理人员	课题活动人员	科技服务人员	生产经营活动人员	其他人员
197	39	148	10	7	1
114	25	89	0	0	0
33	7	21	5	5	0
50	7	38	5	2	1
1739	306	1090	343	0	60
62	8	54	0	0	0
354	32	278	44	0	27
597	102	284	211	0	33
434	80	285	69	0	0
61	10	36	15	0	0
113	26	83	4	0	0
118	48	70	0	0	0
909	147	738	24	63	74
94	38	50	6	0	19
111	27	74	10	7	6
111	19	92	0	10	26
440	28	412	0	0	0
57	22	33	2	0	0
78	11	61	6	46	23
18	2	16	0	0	0
1351	124	843	384	2	119
112	5	77	30	0	6
436	70	348	18	0	107
737	35	384	318	0	0
17	6	6	5	0	3
29	5	16	8	0	0
20	3	12	5	2	3
797	100	629	68	202	96
610	90	452	68	98	30
187	10	177	0	104	66
304	63	179	62	100	28
153	25	126	2	100	0

序号	指标	行号	从业人员
63	环翠区	371002	35
64	文登区	371003	58
65	荣成市	371082	69
66	乳山市	371083	17
67	日照市	371100	792
68	市辖区	371101	313
69	东港区	371102	479
70	临沂市	371300	863
71	市辖区	371301	159
72	兰山区	371302	552
73	河东区	371312	95
74	莒南县	371327	57
75	德州市	371400	144
76	市辖区	371401	111
77	德城区	371402	6
78	齐河县	371425	9
79	禹城市	371482	18
80	聊城市	371500	261
81	市辖区	371501	261
82	滨州市	371600	284
83	市辖区	371601	284
84	菏泽市	371700	363
85	市辖区	371701	133
86	牡丹区	371702	97
87	菏泽经济技术开发区	371771	133
88	2. 按机构所属隶属关系分布		
89	中央部门属	010	5223
90	中国科学院	011	2116
91	非中央部门属	020	25 279
92	省级部门属	021	13 525
93	副省级城市属	022	4016
94	地市级部门属	023	5167

续表

#科技活动人员（不含外聘的流动学者和在读研究生）	科技管理人员	课题活动人员	科技服务人员	生产经营活动人员	其他人员
34	12	21	1	0	1
53	22	28	3	0	5
59	3	0	56	0	10
5	1	4	0	0	12
445	70	318	57	248	99
193	14	173	6	78	42
252	56	145	51	170	57
588	65	477	46	32	243
129	30	76	23	0	30
307	17	272	18	32	213
95	16	74	5	0	0
57	2	55	0	0	0
125	47	61	17	0	19
92	30	48	14	0	19
6	6	0	0	0	0
9	2	6	1	0	0
18	9	7	2	0	0
179	41	130	8	82	0
179	41	130	8	82	0
265	66	187	12	6	13
265	66	187	12	6	13
293	27	249	17	51	19
117	9	96	12	0	16
97	12	85	0	0	0
79	6	68	5	51	3
4643	514	3480	649	262	318
2116	146	1701	269	0	0
20 729	3360	14 996	2373	2319	2231
11 096	1567	8122	1407	790	1639
2996	588	2193	215	946	74
4281	809	2924	548	513	373

序号	指标	行号	从业人员
95	3.按机构从事的国民经济行业分布		
96	科学研究和技术服务业	M	30 502
97	研究和试验发展	73	22 480
98	专业技术服务业	74	6408
99	科技推广和应用服务业	75	1614
100	4.按机构服务的国民经济行业分布		
101	农、林、牧、渔业	A	3850
102	农业	01	1491
103	林业	02	309
104	畜牧业	03	200
105	渔业	04	1107
106	农、林、牧、渔专业及辅助性活动	05	743
107	制造业	C	4004
108	农副食品加工业	13	34
109	食品制造业	14	241
110	纺织业	17	25
111	皮革、毛皮、羽毛及其制品和制鞋业	19	18
112	家具制造业	21	9
113	造纸和纸制品业	22	52
114	文教、工美、体育和娱乐用品制造业	24	14
115	化学原料和化学制品制造业	26	362
116	医药制造业	27	715
117	化学纤维制造业	28	41
118	黑色金属冶炼和压延加工业	31	57
119	专用设备制造业	35	599
120	汽车制造业	36	40
121	铁路、船舶、航空航天和其他运输设备制造业	37	174
122	计算机、通信和其他电子设备制造业	39	417
123	仪器仪表制造业	40	541
124	其他制造业	41	665
125	建筑业	E	108
126	房屋建筑业	47	108

续表

#科技活动人员（不含外聘的流动学者和在读研究生）	科技管理人员	课题活动人员	科技服务人员	生产经营活动人员	其他人员
25 372	3874	18 476	3022	2581	2549
19 295	2974	14 314	2007	1414	1771
4603	619	3142	842	1119	686
1474	281	1020	173	48	92
3379	519	2453	407	7	464
1376	202	1034	140	2	113
299	36	237	26	0	10
193	21	137	35	0	7
806	112	573	121	0	301
705	148	472	85	5	33
3558	434	2801	323	235	211
34	5	27	2	0	0
230	58	87	85	0	11
22	5	15	2	0	3
12	3	8	1	0	6
9	1	8	0	0	0
35	2	22	11	0	17
14	8	6	0	0	0
331	50	254	27	22	9
599	53	506	40	3	113
32	5	27	0	5	4
57	2	55	0	0	0
544	53	452	39	26	29
38	15	17	6	0	2
174	20	154	0	0	0
221	32	177	12	179	17
541	82	439	20	0	0
665	40	547	78	0	0
77	14	50	13	0	31
77	14	50	13	0	31

序号	指标	行号	从业人员
127	交通运输、仓储和邮政业	G	351
128	铁路运输业	53	77
129	道路运输业	54	274
130	信息传输、软件和信息技术服务业	I	590
131	软件和信息技术服务业	65	590
132	租赁和商务服务业	L	15
133	商务服务业	72	15
134	科学研究和技术服务业	M	19 185
135	研究和试验发展	73	9661
136	专业技术服务业	74	8519
137	科技推广和应用服务业	75	1005
138	水利、环境和公共设施管理业	N	841
139	水利管理业	76	204
140	生态保护和环境治理业	77	524
141	公共设施管理业	78	113
142	教育	P	55
143	教育	83	55
144	卫生和社会工作	Q	1353
145	卫生	84	1353
146	文化、体育和娱乐业	R	97
147	文化艺术业	88	97
148	公共管理、社会保障和社会组织	S	53
149	国家机构	92	53
150	5.按机构所属学科分布		
151	自然科学	A	6897
152	信息科学与系统科学	120	688
153	物理学	140	982
154	化学	150	477
155	地球科学	170	4348
156	生物学	180	402
157	农业科学	B	6476
158	农学	210	4236

续表

#科技活动人员（不含外聘的流动学者和在读研究生）	科技管理人员	课题活动人员	科技服务人员	生产经营活动人员	其他人员
311	26	256	29	0	40
77	10	44	23	0	0
234	16	212	6	0	40
532	106	421	5	22	36
532	106	421	5	22	36
9	2	6	1	3	3
9	2	6	1	3	3
15 886	2558	11 344	1984	2314	985
9154	1547	6875	732	222	285
5769	759	3854	1156	2083	667
963	252	615	96	9	33
782	99	614	69	0	59
199	29	162	8	0	5
470	51	381	38	0	54
113	19	71	23	0	0
55	17	34	4	0	0
55	17	34	4	0	0
633	79	406	148	0	720
633	79	406	148	0	720
97	11	47	39	0	0
97	11	47	39	0	0
53	9	44	0	0	0
53	9	44	0	0	0
6166	653	4597	916	344	387
656	83	550	23	14	18
970	84	795	91	7	5
347	17	278	52	130	0
3899	433	2755	711	174	275
294	36	219	39	19	89
5943	982	4341	620	7	526
4041	712	2985	344	7	188

序号	指标	行号	从业人员
159	林学	220	460
160	畜牧、兽医科学	230	441
161	水产学	240	1339
162	医学科学	C	2775
163	基础医学	310	397
164	临床医学	320	650
165	预防医学与公共卫生学	330	475
166	药学	350	1090
167	中医学与中药学	360	163
168	工程与技术科学	D	13 185
169	工程与技术科学基础学科	410	1323
170	信息与系统科学相关工程与技术	413	442
171	自然科学相关工程与技术	416	1296
172	测绘科学技术	420	788
173	材料科学	430	597
174	冶金工程技术	450	89
175	机械工程	460	308
176	动力与电气工程	470	318
177	能源科学技术	480	1030
178	核科学技术	490	66
179	电子与通信技术	510	925
180	计算机科学技术	520	594
181	化学工程	530	647
182	产品应用相关工程与技术	535	191
183	纺织科学技术	540	48
184	食品科学技术	550	191
185	土木建筑工程	560	629
186	水利工程	570	204
187	交通运输工程	580	351
188	航空、航天科学技术	590	72
189	环境科学技术及资源科学技术	610	1557
190	安全科学技术	620	581

续表

#科技活动人员（不含外聘的流动学者和在读研究生）	科技管理人员	课题活动人员	科技服务人员	生产经营活动人员	其他人员
449	62	333	54	0	11
428	52	331	45	0	13
1025	156	692	177	0	314
1902	291	1365	246	19	854
290	72	201	17	0	107
222	15	192	15	0	428
293	43	124	126	0	182
938	109	761	68	19	133
159	52	87	20	0	4
10 234	1721	7448	1065	2208	743
935	173	710	52	337	51
381	92	284	5	59	2
951	261	609	81	305	40
527	139	294	94	182	79
579	58	489	32	11	7
57	2	55	0	32	0
232	36	135	61	19	57
315	56	259	0	0	3
1022	60	898	64	0	8
61	9	52	0	3	2
763	102	630	31	156	6
509	96	388	25	27	58
543	128	297	118	53	51
146	62	56	28	42	3
41	9	30	2	0	7
180	18	157	5	0	11
156	23	125	8	471	2
199	29	162	8	0	5
311	26	256	29	0	40
72	12	60	0	0	0
1143	177	811	155	294	120
485	51	209	225	26	70

序号	指标	行号	从业人员
191	管理学	630	938
192	人文与社会科学	E	1169
193	艺术学	760	70
194	考古学	780	97
195	经济学	790	15
196	社会学	840	427
197	图书馆、情报与文献学	870	505
198	教育学	880	55
199	6. 按机构从业人员规模分布		
200	≥ 1000 人	00	1182
201	500～999 人	01	5679
202	300～499 人	02	3663
203	200～299 人	03	4333
204	100～199 人	04	8680
205	50～99 人	05	4326
206	30～49 人	06	1506
207	20～29 人	07	614
208	10～19 人	08	423
209	0～9 人	09	96

续表

#科技活动人员（不含外聘的流动学者和在读研究生）	科技管理人员	课题活动人员	科技服务人员	生产经营活动人员	其他人员
626	102	482	42	191	121
1127	227	725	175	3	39
70	10	45	15	0	0
97	11	47	39	0	0
9	2	6	1	3	3
394	70	309	15	0	33
502	117	284	101	0	3
55	17	34	4	0	0
1182	257	794	131	0	0
4904	337	3779	788	191	584
2849	397	2183	269	104	710
3098	400	2332	366	971	264
7063	1239	5071	753	1074	543
3908	677	2765	466	141	277
1326	319	842	165	60	120
579	110	411	58	11	24
375	98	252	25	21	27
88	40	47	1	8	0

表4　科技活动人员

序号	指标	行号	科技活动人员（不含外聘的流动学者和在读研究生）
1	总计	00	25 372
2	1.按机构所属地域分布		
3	山东省	370000	25 372
4	济南市	370100	10 548
5	历下区	370102	2605
6	市中区	370103	784
7	槐荫区	370104	440
8	天桥区	370105	518
9	历城区	370112	3426
10	济阳区	370115	82
11	平阴县	370124	16
12	济南高新技术产业开发区	370171	2677
13	青岛市	370200	6965
14	市辖区	370201	122
15	市南区	370202	1719
16	市北区	370203	298
17	黄岛区	370211	173
18	崂山区	370212	2552
19	李沧区	370213	356
20	城阳区	370214	553
21	即墨区	370215	1069
22	青岛高新技术产业开发区	370271	113
23	莱西市	370285	10
24	淄博市	370300	573
25	市辖区	370301	282
26	张店区	370303	285
27	周村区	370306	6
28	枣庄市	370400	94
29	薛城区	370403	59
30	滕州市	370481	35
31	东营市	370500	197
32	市辖区	370501	114

按学历和职称分（2022 年）

计量单位：人

学历					职称			
博士	硕士	本科	大专	其他	高级职称	中级职称	初级职称	其他
5480	8719	8144	1685	1344	8736	8084	3675	4877
5480	8719	8144	1685	1344	8736	8084	3675	4877
1982	4146	3338	603	479	3750	3234	1547	2017
617	927	818	148	95	1232	818	313	242
136	283	297	48	20	328	185	80	191
109	134	144	34	19	174	148	72	46
37	265	166	29	21	183	213	64	58
709	1335	993	171	218	1065	1198	599	564
24	28	27	3	0	27	23	21	11
0	1	8	2	5	6	3	1	6
350	1173	885	168	101	735	646	397	899
2485	2417	1458	348	257	2555	2323	833	1254
27	41	50	4	0	23	12	6	81
872	406	286	78	77	702	648	89	280
30	112	79	21	56	62	100	60	76
12	101	33	13	14	7	34	36	96
949	942	477	135	49	940	795	535	282
87	75	138	30	26	106	122	12	116
158	189	188	18	0	273	113	48	119
324	502	167	41	35	411	453	33	172
26	46	36	5	0	31	46	14	22
0	3	4	3	0	0	0	0	10
27	170	300	48	28	184	183	120	86
22	85	144	30	1	81	89	61	51
2	84	155	18	26	100	93	58	34
3	1	1	0	1	3	1	1	1
12	25	37	12	8	31	16	11	36
0	8	31	12	8	19	16	11	13
12	17	6	0	0	12	0	0	23
54	43	77	12	11	81	73	15	28
11	26	65	12	0	39	56	11	8

序号	指标	行号	科技活动人员（不含外聘的流动学者和在读研究生）
33	东营区	370502	33
34	垦利区	370505	50
35	烟台市	370600	1739
36	市辖区	370601	62
37	芝罘区	370602	354
38	福山区	370611	597
39	莱山区	370613	434
40	蓬莱区	370614	61
41	烟台高新技术产业开发区	370671	113
42	烟台经济技术开发区	370672	118
43	潍坊市	370700	909
44	市辖区	370701	94
45	潍城区	370702	111
46	寒亭区	370703	111
47	坊子区	370704	440
48	奎文区	370705	57
49	寿光市	370783	78
50	昌邑市	370786	18
51	济宁市	370800	1351
52	市辖区	370801	112
53	任城区	370811	436
54	兖州区	370812	737
55	微山县	370826	17
56	济宁高新技术产业开发区	370871	29
57	邹城市	370883	20
58	泰安市	370900	797
59	泰山区	370902	610
60	岱岳区	370911	187
61	威海市	371000	304
62	市辖区	371001	153
63	环翠区	371002	34
64	文登区	371003	53
65	荣成市	371082	59

学历					职称			
博士	硕士	本科	大专	其他	高级职称	中级职称	初级职称	其他
6	15	7	0	5	15	8	1	9
37	2	5	0	6	27	9	3	11
361	549	650	99	80	627	632	280	200
16	44	1	1	0	16	44	2	0
25	110	172	16	31	142	128	33	51
45	193	292	59	8	209	220	110	58
158	122	116	14	24	192	153	49	40
1	8	33	4	15	7	18	34	2
46	42	21	2	2	36	23	5	49
70	30	15	3	0	25	46	47	0
162	317	293	79	58	138	166	51	554
13	30	26	6	19	41	35	9	9
13	8	63	10	17	5	6	10	90
0	9	82	20	0	19	46	10	36
127	229	58	23	3	33	26	0	381
0	21	29	6	1	10	19	4	24
9	18	27	13	11	27	30	14	7
0	2	8	1	7	3	4	4	7
79	257	564	172	279	360	411	225	355
0	15	80	13	4	25	44	25	18
58	166	123	56	33	185	160	71	20
1	61	339	95	241	137	189	111	300
1	1	9	6	0	0	0	0	17
4	10	12	2	1	3	13	13	0
15	4	1	0	0	10	5	5	0
98	205	402	84	8	306	324	98	69
98	187	238	81	6	227	223	93	67
0	18	164	3	2	79	101	5	2
72	78	110	28	16	87	88	74	55
61	40	42	8	2	74	40	29	10
1	16	16	1	0	3	17	4	10
9	15	20	5	4	5	11	16	21
1	6	28	14	10	5	16	24	14

序号	指标	行号	科技活动人员（不含外聘的流动学者和在读研究生）
66	乳山市	371083	5
67	日照市	371100	445
68	市辖区	371101	193
69	东港区	371102	252
70	临沂市	371300	588
71	市辖区	371301	129
72	兰山区	371302	307
73	河东区	371312	95
74	莒南县	371327	57
75	德州市	371400	125
76	市辖区	371401	92
77	德城区	371402	6
78	齐河县	371425	9
79	禹城市	371482	18
80	聊城市	371500	179
81	市辖区	371501	179
82	滨州市	371600	265
83	市辖区	371601	265
84	菏泽市	371700	293
85	市辖区	371701	117
86	牡丹区	371702	97
87	菏泽经济技术开发区	371771	79
88	2. 按机构所属隶属关系分布		
89	中央部门属	010	4643
90	中国科学院	011	2116
91	非中央部门属	020	20 729
92	省级部门属	021	11 096
93	副省级城市属	022	2996
94	地市级部门属	023	4281
95	3. 按机构从事的国民经济行业分布		
96	科学研究和技术服务业	M	25 372
97	研究和试验发展	73	19 295
98	专业技术服务业	74	4603

续表

学历					职称			
博士	硕士	本科	大专	其他	高级职称	中级职称	初级职称	其他
0	1	4	0	0	0	4	1	0
19	116	212	69	29	114	173	87	71
6	49	123	12	3	52	78	39	24
13	67	89	57	26	62	95	48	47
76	117	308	53	34	266	161	90	71
5	32	69	9	14	78	28	12	11
0	38	208	41	20	105	99	60	43
51	27	16	1	0	46	22	14	13
20	20	15	2	0	37	12	4	4
7	38	56	15	9	38	43	24	20
5	31	40	13	3	37	39	16	0
0	3	3	0	0	0	0	0	6
0	1	8	0	0	0	1	5	3
2	3	5	2	6	1	3	3	11
4	63	70	15	27	32	48	59	40
4	63	70	15	27	32	48	59	40
21	89	133	17	5	97	87	74	7
21	89	133	17	5	97	87	74	7
21	89	136	31	16	70	122	87	14
1	37	57	9	13	48	44	17	8
19	30	36	12	0	7	48	42	0
1	22	43	10	3	15	30	28	6
1890	1413	884	250	206	1891	1502	718	532
1060	538	301	144	73	795	662	463	196
3590	7306	7260	1435	1138	6845	6582	2957	4345
2209	3844	3594	708	741	4195	3778	1426	1697
592	1138	961	208	97	755	840	212	1189
408	1235	2014	387	237	1455	1451	742	633
5480	8719	8144	1685	1344	8736	8084	3675	4877
5048	6830	5315	1219	883	6848	6096	2558	3793
166	1383	2257	383	414	1530	1615	806	652

序号	指标	行号	科技活动人员（不含外聘的流动学者和在读研究生）
99	科技推广和应用服务业	75	1474
100	4.按机构服务的国民经济行业分布		
101	农、林、牧、渔业	A	3379
102	农业	01	1376
103	林业	02	299
104	畜牧业	03	193
105	渔业	04	806
106	农、林、牧、渔专业及辅助性活动	05	705
107	制造业	C	3558
108	农副食品加工业	13	34
109	食品制造业	14	230
110	纺织业	17	22
111	皮革、毛皮、羽毛及其制品和制鞋业	19	12
112	家具制造业	21	9
113	造纸和纸制品业	22	35
114	文教、工美、体育和娱乐用品制造业	24	14
115	化学原料和化学制品制造业	26	331
116	医药制造业	27	599
117	化学纤维制造业	28	32
118	黑色金属冶炼和压延加工业	31	57
119	专用设备制造业	35	544
120	汽车制造业	36	38
121	铁路、船舶、航空航天和其他运输设备制造业	37	174
122	计算机、通信和其他电子设备制造业	39	221
123	仪器仪表制造业	40	541
124	其他制造业	41	665
125	建筑业	E	77
126	房屋建筑业	47	77
127	交通运输、仓储和邮政业	G	311
128	铁路运输业	53	77
129	道路运输业	54	234
130	信息传输、软件和信息技术服务业	I	532
131	软件和信息技术服务业	65	532

续表

学历					职称			
博士	硕士	本科	大专	其他	高级职称	中级职称	初级职称	其他
266	506	572	83	47	358	373	311	432
804	1029	1026	269	251	1392	1148	483	356
399	399	375	95	108	615	501	120	140
29	67	158	31	14	137	71	72	19
58	49	45	10	31	58	69	8	58
234	242	210	82	38	329	300	148	29
84	272	238	51	60	253	207	135	110
554	1333	1181	305	185	1167	1056	515	820
4	18	7	5	0	1	9	0	24
42	80	103	5	0	157	50	17	6
0	9	4	5	4	8	9	2	3
0	2	5	5	0	7	3	0	2
0	0	7	2	0	3	2	0	4
0	5	27	3	0	13	22	0	0
0	0	11	2	1	5	5	2	2
67	143	76	34	11	99	158	52	22
69	246	215	57	12	288	154	116	41
0	7	8	5	12	3	1	4	24
20	20	15	2	0	37	12	4	4
16	270	187	22	49	122	208	171	43
3	14	18	3	0	9	8	5	16
64	42	41	13	14	61	45	54	14
14	25	139	36	7	60	69	9	83
178	247	69	20	27	232	238	36	35
77	205	249	86	48	62	63	43	497
2	35	32	3	5	49	5	7	16
2	35	32	3	5	49	5	7	16
24	191	85	11	0	112	118	32	49
14	39	24	0	0	32	12	17	16
10	152	61	11	0	80	106	15	33
203	184	136	9	0	137	124	56	215
203	184	136	9	0	137	124	56	215

序号	指标	行号	科技活动人员（不含外聘的流动学者和在读研究生）
132	租赁和商务服务业	L	9
133	商务服务业	72	9
134	科学研究和技术服务业	M	15 886
135	研究和试验发展	73	9154
136	专业技术服务业	74	5769
137	科技推广和应用服务业	75	963
138	水利、环境和公共设施管理业	N	782
139	水利管理业	76	199
140	生态保护和环境治理业	77	470
141	公共设施管理业	78	113
142	教育	P	55
143	教育	83	55
144	卫生和社会工作	Q	633
145	卫生	84	633
146	文化、体育和娱乐业	R	97
147	文化艺术业	88	97
148	公共管理、社会保障和社会组织	S	53
149	国家机构	92	53
150	5.按机构所属学科分布		
151	自然科学	A	6166
152	信息科学与系统科学	120	656
153	物理学	140	970
154	化学	150	347
155	地球科学	170	3899
156	生物学	180	294
157	农业科学	B	5943
158	农学	210	4041
159	林学	220	449
160	畜牧、兽医科学	230	428
161	水产学	240	1025
162	医学科学	C	1902
163	基础医学	310	290
164	临床医学	320	222

续表

学历					职称			
博士	硕士	本科	大专	其他	高级职称	中级职称	初级职称	其他
0	1	7	1	0	0	2	0	7
0	1	7	1	0	0	2	0	7
3700	5335	5063	962	826	5271	5101	2307	3207
2776	3519	2109	431	319	3064	2733	1356	2001
758	1525	2539	459	488	1971	2141	769	888
166	291	415	72	19	236	227	182	318
72	287	353	45	25	338	249	118	77
17	52	119	11	0	100	72	27	0
55	224	171	13	7	199	156	76	39
0	11	63	21	18	39	21	15	38
0	12	41	2	0	34	16	1	4
0	12	41	2	0	34	16	1	4
115	238	162	69	49	195	226	130	82
115	238	162	69	49	195	226	130	82
3	57	35	1	1	20	22	20	35
3	57	35	1	1	20	22	20	35
3	17	23	8	2	21	17	6	9
3	17	23	8	2	21	17	6	9
1483	1939	1874	386	484	1866	1739	761	1800
86	403	148	14	5	68	104	281	203
136	293	389	99	53	100	134	76	660
66	72	161	29	19	108	130	72	37
1093	1042	1132	239	393	1488	1306	314	791
102	129	44	5	14	102	65	18	109
1482	1792	1737	452	480	2248	1882	694	1119
1063	1293	1090	279	316	1529	1222	397	893
35	79	238	56	41	190	99	89	71
141	109	101	17	60	139	187	16	86
243	311	308	100	63	390	374	192	69
330	765	572	164	71	713	615	342	232
83	95	78	27	7	123	113	27	27
88	88	37	9	0	69	95	56	2

序号	指标	行号	科技活动人员（不含外聘的流动学者和在读研究生）
165	预防医学与公共卫生学	330	293
166	药学	350	938
167	中医学与中药学	360	159
168	工程与技术科学	D	10 234
169	工程与技术科学基础学科	410	935
170	信息与系统科学相关工程与技术	413	381
171	自然科学相关工程与技术	416	951
172	测绘科学技术	420	527
173	材料科学	430	579
174	冶金工程技术	450	57
175	机械工程	460	232
176	动力与电气工程	470	315
177	能源科学技术	480	1022
178	核科学技术	490	61
179	电子与通信技术	510	763
180	计算机科学技术	520	509
181	化学工程	530	543
182	产品应用相关工程与技术	535	146
183	纺织科学技术	540	41
184	食品科学技术	550	180
185	土木建筑工程	560	156
186	水利工程	570	199
187	交通运输工程	580	311
188	航空、航天科学技术	590	72
189	环境科学技术及资源科学技术	610	1143
190	安全科学技术	620	485
191	管理学	630	626
192	人文与社会科学	E	1127
193	艺术学	760	70
194	考古学	780	97
195	经济学	790	9
196	社会学	840	394
197	图书馆、情报与文献学	870	502

续表

学历					职称			
博士	硕士	本科	大专	其他	高级职称	中级职称	初级职称	其他
14	98	94	44	43	74	85	48	86
113	402	321	81	21	371	282	170	115
32	82	42	3	0	76	40	41	2
2013	3795	3522	632	272	3481	3475	1747	1531
100	373	384	73	5	328	319	155	133
154	130	82	13	2	90	106	35	150
211	366	277	65	32	314	277	136	224
4	263	202	37	21	206	236	68	17
137	292	102	13	35	138	227	148	66
20	20	15	2	0	37	12	4	4
17	54	103	25	33	73	77	36	46
122	125	59	7	2	120	80	14	101
423	344	160	94	1	311	272	425	14
23	21	17	0	0	23	19	15	4
182	300	192	62	27	337	318	66	42
105	197	193	13	1	110	86	53	260
74	188	220	50	11	218	152	71	102
17	52	63	14	0	20	51	25	50
0	11	7	7	16	11	10	6	14
90	37	46	7	0	119	34	3	24
2	79	64	11	0	78	38	22	18
17	52	119	11	0	100	72	27	0
24	191	85	11	0	112	118	32	49
5	18	22	13	14	6	25	30	11
217	382	455	32	57	434	451	158	100
1	63	372	38	11	124	207	84	70
68	237	283	34	4	172	288	134	32
172	428	439	51	37	428	373	131	195
5	21	37	2	5	28	26	9	7
3	57	35	1	1	20	22	20	35
0	1	7	1	0	0	2	0	7
144	137	102	10	1	191	130	25	48
20	200	217	35	30	155	177	76	94

序号	指标	行号	科技活动人员（不含外聘的流动学者和在读研究生）
198	教育学	880	55
199	6. 按机构从业人员规模分布		
200	≥ 1000 人	00	1182
201	500～999 人	01	4904
202	300～499 人	02	2849
203	200～299 人	03	3098
204	100～199 人	04	7063
205	50～99 人	05	3908
206	30～49 人	06	1326
207	20～29 人	07	579
208	10～19 人	08	375
209	0～9 人	09	88

续表

学历					职称			
博士	硕士	本科	大专	其他	高级职称	中级职称	初级职称	其他
0	12	41	2	0	34	16	1	4
398	310	280	76	118	467	356	113	246
1468	1259	1379	411	387	1557	1461	737	1149
565	1370	699	135	80	885	847	474	643
606	1250	947	202	93	1202	1194	417	285
1360	2417	2483	411	392	2535	2201	1030	1297
789	1377	1398	215	129	1481	1311	498	618
134	449	534	139	70	354	417	234	321
76	172	230	55	46	141	161	114	163
75	90	145	37	28	96	114	49	116
9	25	49	4	1	18	22	9	39

表 5　经费

序号	指标	行号	经费收入总额	科技活动收入	政府资金
1	总计	00	1 862 969	1 440 160	1 140 172
2	1.按机构所属地域分布				
3	山东省	370000	1 862 969	1 440 160	1 140 172
4	济南市	370100	811 779	572 623	418 830
5	历下区	370102	266 737	134 702	90 273
6	市中区	370103	62 120	35 728	34 561
7	槐荫区	370104	29 948	18 624	14 750
8	天桥区	370105	31 062	28 586	10 038
9	历城区	370112	217 996	183 527	138 418
10	济阳区	370115	9287	8889	3673
11	平阴县	370124	342	342	323
12	济南高新技术产业开发区	370171	194 289	162 224	126 793
13	青岛市	370200	582 930	478 252	381 423
14	市辖区	370201	473	473	0
15	市南区	370202	153 177	110 761	87 607
16	市北区	370203	17 944	16 705	11 684
17	黄岛区	370211	12 758	9912	5909
18	崂山区	370212	199 961	179 665	139 182
19	李沧区	370213	17 000	14 991	14 285
20	城阳区	370214	46 649	19 931	10 374
21	即墨区	370215	128 211	119 852	110 335
22	青岛高新技术产业开发区	370271	6124	5332	1418
23	莱西市	370285	633	630	630
24	淄博市	370300	17 422	15 602	14 511
25	市辖区	370301	7784	7102	6026
26	张店区	370303	9637	8500	8485
27	周村区	370306	1	1	0
28	枣庄市	370400	1696	1679	1423
29	薛城区	370403	1292	1275	1275
30	滕州市	370481	404	404	148

收入（2022 年）

计量单位：万元

财政拨款	承担政府科研项目收入	其他	非政府资金	#技术性收入	#国外资金	生产经营活动收入	其他收入
925 814	185 272	29 085	299 988	273 563	247	266 124	156 686
925 814	185 272	29 085	299 988	273 563	247	266 124	156 686
343 752	69 223	5854	153 793	147 455	67	182 772	56 384
66 972	23 282	20	44 429	43 257	0	113 053	18 981
34 511	0	50	1168	296	0	22 100	4291
11 102	3626	23	3874	3785	0	0	11 323
8925	613	500	18 548	18 548	0	0	2476
105 933	28 124	4362	45 108	41 101	0	21 557	12 912
3468	206	0	5215	5215	0	222	176
323	0	0	19	0	0	0	0
112 520	13 373	900	35 431	35 251	67	25 839	6226
288 137	76 485	16 802	96 828	84 566	181	40 716	63 963
0	0	0	473	473	0	0	0
60 843	22 977	3787	23 154	19 206	4	4	42 413
9085	421	2178	5020	4787	0	0	1239
0	5600	309	4003	4003	12	2846	0
103 303	32 338	3541	40 483	37 724	164	14 484	5811
9867	4182	236	706	652	0	170	1839
2603	2259	5512	9557	9352	0	22 544	4174
100 422	8674	1239	9517	4455	0	28	8331
1384	34	0	3914	3914	0	639	153
630	0	0	0	0	0	0	3
13 406	1006	99	1091	1091	0	858	962
5109	917	0	1076	1076	0	510	172
8297	89	99	15	15	0	348	790
0	0	0	1	1	0	0	0
1423	0	0	256	256	0	0	17
1275	0	0	0	0	0	0	17
148	0	0	256	256	0	0	0

序号	指标	行号	经费收入总额	科技活动收入	政府资金
31	东营市	370500	6244	5822	4173
32	市辖区	370501	4005	4005	2615
33	东营区	370502	1342	1002	874
34	垦利区	370505	897	814	684
35	烟台市	370600	164 361	159 773	156 436
36	市辖区	370601	2487	1971	1971
37	芝罘区	370602	14 905	13 485	12 839
38	福山区	370611	29 563	27 675	26 892
39	莱山区	370613	20 008	19 361	17 653
40	蓬莱区	370614	1747	1657	1529
41	烟台高新技术产业开发区	370671	44 722	44 695	44 630
42	烟台经济技术开发区	370672	50 929	50 929	50 922
43	潍坊市	370700	61 809	47 665	46 592
44	市辖区	370701	4194	3300	2952
45	潍城区	370702	5342	5270	5199
46	寒亭区	370703	4423	4055	4055
47	坊子区	370704	31 981	31 981	31 876
48	奎文区	370705	1201	1137	1137
49	寿光市	370783	13 371	625	434
50	昌邑市	370786	1297	1297	940
51	济宁市	370800	69 048	60 600	36 671
52	市辖区	370801	3100	2748	2748
53	任城区	370811	24 158	19 519	15 721
54	兖州区	370812	34 958	31 501	11 370
55	微山县	370826	600	600	600
56	济宁高新技术产业开发区	370871	6032	6032	6032
57	邹城市	370883	200	200	200
58	泰安市	370900	48 556	33 526	26 722
59	泰山区	370902	28 045	25 531	23 564
60	岱岳区	370911	20 511	7995	3159
61	威海市	371000	9320	5597	5453
62	市辖区	371001	4694	2212	2209

财政拨款	承担政府科研 项目收入	其他	非政府资金	#技术性 收入	#国外 资金	生产经营 活动收入	其他 收入
3126	539	508	1648	258	0	381	41
2129	86	400	1391	0	0	0	0
874	0	0	127	127	0	309	31
122	454	108	130	130	0	72	10
132 023	22 670	1743	3337	2428	0	1722	2866
1636	150	185	0	0	0	511	4
12 771	68	0	646	173	0	0	1421
17 383	8106	1404	783	370	0	1184	704
13 984	3669	0	1708	1686	0	0	647
1008	367	154	127	127	0	0	90
44 535	95	0	65	65	0	27	0
40 707	10 215	0	7	7	0	0	0
42 134	3316	1143	1073	648	0	13 126	1018
2952	0	0	348	0	0	0	894
2230	2109	860	71	0	0	71	0
4055	0	0	0	0	0	309	59
30 753	1123	0	105	100	0	0	0
1104	0	33	0	0	0	0	64
100	84	250	191	191	0	12 746	0
940	0	0	357	357	0	0	0
32 163	4508	0	23 929	21 553	0	255	8193
2748	0	0	0	0	0	255	97
11 289	4432	0	3797	1422	0	0	4640
11 294	76	0	20 131	20 131	0	0	3457
600	0	0	0	0	0	0	0
6032	0	0	0	0	0	0	0
200	0	0	0	0	0	0	0
24 513	352	1858	6804	5716	0	4955	10 074
22 924	352	288	1968	880	0	987	1527
1589	0	1570	4836	4836	0	3969	8547
4645	758	50	144	144	0	2772	951
1750	459	0	3	3	0	2482	0

序号	指标	行号	经费收入总额	科技活动收入	政府资金
63	环翠区	371002	846	530	530
64	文登区	371003	1250	1228	1087
65	荣成市	371082	2225	1593	1593
66	乳山市	371083	305	34	34
67	日照市	371100	30 667	10 580	9004
68	市辖区	371101	8541	6363	4887
69	东港区	371102	22 126	4217	4116
70	临沂市	371300	30 279	25 860	17 917
71	市辖区	371301	5227	4894	4171
72	兰山区	371302	21 922	17 905	10 710
73	河东区	371312	738	669	644
74	莒南县	371327	2392	2392	2392
75	德州市	371400	5792	2665	2015
76	市辖区	371401	4262	1158	1158
77	德城区	371402	98	87	87
78	齐河县	371425	269	257	257
79	禹城市	371482	1163	1163	513
80	聊城市	371500	7392	5447	5020
81	市辖区	371501	7392	5447	5020
82	滨州市	371600	6404	5922	5894
83	市辖区	371601	6404	5922	5894
84	菏泽市	371700	9273	8548	8088
85	市辖区	371701	3374	3276	3276
86	牡丹区	371702	2102	1969	1892
87	菏泽经济技术开发区	371771	3797	3303	2920
88	2.按机构所属隶属关系分布				
89	中央部门属	010	353 478	305 170	233 045
90	中国科学院	011	120 159	118 565	97 020
91	非中央部门属	020	1 509 492	1 134 989	907 127
92	省级部门属	021	846 380	653 195	476 332
93	副省级城市属	022	315 484	178 822	160 477
94	地市级部门属	023	269 193	233 949	220 499

续表

财政拨款	承担政府科研项目收入	其他	非政府资金	#技术性收入	#国外资金	生产经营活动收入	其他收入
530	0	0	0	0	0	290	26
738	299	50	141	141	0	0	21
1593	0	0	0	0	0	0	632
34	0	0	0	0	0	0	271
7654	1349	0	1576	1475	0	14 775	5312
4887	0	0	1475	1475	0	577	1602
2767	1349	0	101	0	0	14 199	3710
14 871	2896	150	7943	7057	0	1855	2565
4171	0	0	723	393	0	0	333
10 700	10	0	7195	6639	0	1855	2162
0	494	150	25	25	0	0	69
0	2392	0	0	0	0	0	0
794	841	380	650	0	0	12	3115
317	841	0	0	0	0	0	3104
87	0	0	0	0	0	0	11
257	0	0	0	0	0	12	0
133	0	380	650	0	0	0	0
4242	287	490	427	427	0	1593	352
4242	287	490	427	427	0	1593	352
5412	483	0	28	28	0	12	471
5412	483	0	28	28	0	12	471
7519	560	10	460	460	0	321	404
3112	154	10	0	0	0	0	98
1539	354	0	76	76	0	0	133
2868	52	0	384	384	0	321	173
166 002	55 487	11 555	72 126	63 678	169	40 628	7680
55 430	37 590	4000	21 546	18 160	164	266	1327
759 812	129 785	17 530	227 862	209 886	79	225 496	149 006
399 261	69 963	7107	176 863	163 793	0	64 238	128 947
135 492	22 480	2505	18 344	18 059	67	133 891	2771
195 664	22 054	2781	13 450	10 143	0	21 391	13 853

序号	指标	行号	经费收入总额	科技活动收入	政府资金
95	3. 按机构从事的国民经济行业分布				
96	科学研究和技术服务业	M	1 862 969	1 440 160	1 140 172
97	研究和试验发展	73	1 468 451	1 161 607	945 837
98	专业技术服务业	74	345 283	236 761	161 900
99	科技推广和应用服务业	75	49 235	41 791	32 436
100	4. 按机构服务的国民经济行业分布				
101	农、林、牧、渔业	A	182 366	168 533	136 623
102	农业	01	72 799	67 493	48 927
103	林业	02	11 623	10 865	10 030
104	畜牧业	03	9642	8596	7399
105	渔业	04	56 523	53 783	44 631
106	农、林、牧、渔专业及辅助性活动	05	31 779	27 796	25 636
107	制造业	C	317 240	174 609	127 837
108	农副食品加工业	13	773	773	0
109	食品制造业	14	26 946	8221	6930
110	纺织业	17	1132	724	0
111	皮革、毛皮、羽毛及其制品和制鞋业	19	333	183	115
112	家具制造业	21	172	28	0
113	造纸和纸制品业	22	582	273	0
114	文教、工美、体育和娱乐用品制造业	24	571	340	340
115	化学原料和化学制品制造业	26	11 090	10 164	6387
116	医药制造业	27	39 320	36 707	22 567
117	化学纤维制造业	28	535	535	535
118	黑色金属冶炼和压延加工业	31	2392	2392	2392
119	专用设备制造业	35	34 613	30 932	17 199
120	汽车制造业	36	2260	2080	1870
121	铁路、船舶、航空航天和其他运输设备制造业	37	7782	7782	6124
122	计算机、通信和其他电子设备制造业	39	119 161	12 412	12 286
123	仪器仪表制造业	40	37 858	29 501	19 533
124	其他制造业	41	31 720	31 562	31 560
125	建筑业	E	3848	3047	3047
126	房屋建筑业	47	3848	3047	3047

续表

财政拨款	承担政府科研项目收入	其他	非政府资金	#技术性收入	#国外资金	生产经营活动收入	其他收入
925 814	185 272	29 085	299 988	273 563	247	266 124	156 686
754 579	175 511	15 747	215 771	192 177	181	182 271	124 573
148 884	3911	9105	74 862	72 806	0	81 820	26 702
22 352	5851	4233	9356	8581	67	2033	5411
108 818	25 390	2415	31 911	27 911	4	1664	12 169
41 893	4802	2232	18 567	15 094	0	72	5233
10 010	20	0	834	834	0	0	759
5988	1411	0	1197	725	0	0	1046
31 348	13 120	162	9152	9152	4	0	2741
19 579	6037	20	2161	2106	0	1592	2391
88 123	31 644	8070	46 772	43 002	0	125 297	17 335
0	0	0	773	773	0	0	0
706	867	5357	1291	1291	0	17 649	1077
0	0	0	724	491	0	0	408
115	0	0	68	68	0	0	150
0	0	0	28	28	0	0	144
0	0	0	273	273	0	0	308
340	0	0	0	0	0	0	232
5332	400	656	3777	2687	0	115	811
19 334	3233	0	14 139	14 139	0	0	2613
535	0	0	0	0	0	0	0
0	2392	0	0	0	0	0	0
14 926	2273	0	13 733	13 733	0	459	3223
0	1795	75	210	210	0	170	11
237	5887	0	1659	1659	0	0	0
3627	7608	1052	126	54	0	106 747	1
11 414	7189	930	9969	7593	0	0	8356
31 560	0	0	2	2	0	158	0
3047	0	0	0	0	0	0	801
3047	0	0	0	0	0	0	801

序号	指标	行号	经费收入总额	科技活动收入	政府资金
127	交通运输、仓储和邮政业	G	27 263	23 244	5928
128	铁路运输业	53	8997	5169	1475
129	道路运输业	54	18 266	18 075	4453
130	信息传输、软件和信息技术服务业	I	32 219	30 212	26 511
131	软件和信息技术服务业	65	32 219	30 212	26 511
132	租赁和商务服务业	L	32	3	0
133	商务服务业	72	32	3	0
134	科学研究和技术服务业	M	1 148 660	957 748	790 989
135	研究和试验发展	73	683 443	649 961	576 067
136	专业技术服务业	74	438 208	282 585	191 647
137	科技推广和应用服务业	75	27 009	25 203	23 276
138	水利、环境和公共设施管理业	N	41 752	37 191	20 846
139	水利管理业	76	13 251	12 427	1416
140	生态保护和环境治理业	77	23 826	20 450	15 116
141	公共设施管理业	78	4676	4314	4314
142	教育	P	2414	2188	2186
143	教育	83	2414	2188	2186
144	卫生和社会工作	Q	85 050	22 019	20 241
145	卫生	84	85 050	22 019	20 241
146	文化、体育和娱乐业	R	19 921	19 864	4464
147	文化艺术业	88	19 921	19 864	4464
148	公共管理、社会保障和社会组织	S	2204	1501	1501
149	国家机构	92	2204	1501	1501
150	5.按机构所属学科分布				
151	自然科学	A	420 501	389 671	306 180
152	信息科学与系统科学	120	12 995	10 998	8194
153	物理学	140	49 817	49 059	45 366
154	化学	150	16 942	15 202	12 001
155	地球科学	170	322 666	299 816	230 925
156	生物学	180	18 081	14 597	9695
157	农业科学	B	330 957	307 060	259 139
158	农学	210	226 330	208 166	173 704

续表

财政拨款	承担政府科研项目收入	其他	非政府资金	#技术性收入	#国外资金	生产经营活动收入	其他收入
4450	1478	0	17 316	17 316	0	0	4019
0	1475	0	3694	3694	0	0	3828
4450	3	0	13 622	13 622	0	0	191
17 404	8157	950	3701	3441	0	824	1183
17 404	8157	950	3701	3441	0	824	1183
0	0	0	3	3	0	0	28
0	0	0	3	3	0	0	28
658 790	114 548	17 651	166 759	149 185	176	137 637	53 275
477 147	90 028	8893	73 894	62 329	176	11 925	21 557
160 601	23 632	7413	90 938	85 680	0	125 392	30 231
21 042	889	1345	1927	1176	0	319	1487
19 485	1361	0	16 345	16 227	67	0	4561
1143	273	0	11 011	10 981	0	0	824
14 028	1088	0	5335	5246	67	0	3375
4314	0	0	0	0	0	0	362
2186	0	0	3	0	0	0	226
2186	0	0	3	0	0	0	226
17 547	2694	0	1778	1077	0	0	63 031
17 547	2694	0	1778	1077	0	0	63 031
4464	0	0	15 400	15 400	0	0	57
4464	0	0	15 400	15 400	0	0	57
1501	0	0	0	0	0	702	0
1501	0	0	0	0	0	702	0
255 409	42 398	8373	83 491	72 356	12	18 376	12 454
2506	2832	2856	2804	2799	0	1825	172
41 850	2506	1010	3693	3621	0	495	263
10 451	1550	0	3201	3201	0	1095	646
194 400	32 707	3819	68 890	58 571	0	12 115	10 736
6201	2805	689	4903	4164	12	2846	638
208 039	45 187	5913	47 921	41 183	4	1664	22 233
142 297	25 656	5751	34 461	28 270	0	1664	16 500

序号	指标	行号	经费收入总额	科技活动收入	政府资金
159	林学	220	16 853	15 588	14 687
160	畜牧、兽医科学	230	23 907	22 454	19 923
161	水产学	240	63 867	60 852	50 825
162	医学科学	C	189 730	122 538	101 562
163	基础医学	310	16 013	11 250	11 112
164	临床医学	320	59 361	7465	5737
165	预防医学与公共卫生学	330	15 930	9438	8557
166	药学	350	91 533	88 106	70 788
167	中医学与中药学	360	6894	6278	5368
168	工程与技术科学	D	860 516	563 388	432 747
169	工程与技术科学基础学科	410	59 692	46 761	30 391
170	信息与系统科学相关工程与技术	413	16 643	15 586	12 801
171	自然科学相关工程与技术	416	134 296	104 094	97 699
172	测绘科学技术	420	61 345	42 538	37 673
173	材料科学	430	27 756	26 954	13 879
174	冶金工程技术	450	3819	2392	2392
175	机械工程	460	11 427	8920	6254
176	动力与电气工程	470	14 721	14 721	14 332
177	能源科学技术	480	89 187	87 355	74 033
178	核科学技术	490	3810	3573	3573
179	电子与通信技术	510	154 495	39 272	27 383
180	计算机科学技术	520	36 368	33 824	29 646
181	化学工程	530	42 453	10 429	6928
182	产品应用相关工程与技术	535	5891	5831	5363
183	纺织科学技术	540	1467	1059	335
184	食品科学技术	550	5423	4424	1972
185	土木建筑工程	560	22 408	3992	2427
186	水利工程	570	13 251	12 427	1416
187	交通运输工程	580	27 263	23 244	5928
188	航空、航天科学技术	590	7256	7256	5600
189	环境科学技术及资源科学技术	610	72 821	49 233	36 004
190	安全科学技术	620	15 315	11 687	11 627

续表

财政拨款	承担政府科研项目收入	其他	非政府资金	#技术性收入	#国外资金	生产经营活动收入	其他收入
14 647	40	0	901	882	0	0	1265
13 638	6285	0	2531	2004	0	0	1454
37 457	13 206	162	10 027	10 027	4	0	3014
93 223	7325	1014	20 976	19 447	0	690	66 502
10 049	1040	23	139	131	0	0	4763
3460	2276	0	1729	1027	0	0	51 896
8405	153	0	881	881	0	0	6492
65 987	3810	991	17 318	17 229	0	690	2737
5322	46	0	910	178	0	0	616
328 876	90 251	13 621	130 640	124 537	231	245 393	51 735
28 713	1629	50	16 370	16 316	0	9879	3052
2758	9142	900	2785	2525	0	1023	34
79 782	17 917	0	6395	6395	0	23 641	6562
37 252	421	0	4865	4865	0	17 816	992
11 960	1264	656	13 075	11 985	0	437	365
0	2392	0	0	0	0	1427	0
3992	2187	75	2666	2666	0	518	1989
14 000	332	0	389	208	0	0	0
55 100	18 598	335	13 322	13 157	164	0	1832
3468	106	0	0	0	0	222	14
13 572	12 688	1122	11 890	9514	0	106 524	8699
20 190	9251	205	4178	3973	0	1283	1262
448	1123	5357	3501	3501	0	30 684	1340
3560	1313	490	468	367	0	42	18
335	0	0	724	491	0	0	408
1809	163	0	2452	2452	0	0	999
2427	0	0	1565	174	0	17 707	709
1143	273	0	11 011	10 981	0	0	824
4450	1478	0	17 316	17 316	0	0	4019
0	5600	0	1656	1656	0	0	0
28 187	3669	4148	13 228	13 208	67	11 197	12 391
11 627	0	0	60	60	0	1897	1731

序号	指标	行号	经费收入总额	科技活动收入	政府资金
191	管理学	630	33 410	7817	5091
192	人文与社会科学	E	61 266	57 504	40 544
193	艺术学	760	3158	2926	2926
194	考古学	780	19 921	19 864	4464
195	经济学	790	32	3	0
196	社会学	840	19 490	17 566	16 649
197	图书馆、情报与文献学	870	16 251	14 956	14 318
198	教育学	880	2414	2188	2186
199	6. 按机构从业人员规模分布				
200	≥ 1000 人	00	81 169	76 845	62 864
201	500 ~ 999 人	01	307 041	271 292	205 545
202	300 ~ 499 人	02	269 003	207 692	186 392
203	200 ~ 299 人	03	346 023	167 007	102 625
204	100 ~ 199 人	04	511 696	406 316	336 240
205	50 ~ 99 人	05	254 830	226 729	178 969
206	30 ~ 49 人	06	48 989	43 792	36 881
207	20 ~ 29 人	07	26 847	25 054	17 610
208	10 ~ 19 人	08	12 306	10 561	8778
209	0 ~ 9 人	09	5066	4873	4267

续表

财政拨款	承担政府科研项目收入	其他	非政府资金	#技术性收入	#国外资金	生产经营活动收入	其他收入
4104	705	282	2726	2726	0	21 097	4496
40 268	111	165	16 960	16 041	0	0	3762
2926	0	0	0	0	0	0	232
4464	0	0	15 400	15 400	0	0	57
0	0	0	3	3	0	0	28
16 416	111	122	917	0	0	0	1924
14 275	0	43	637	637	0	0	1295
2186	0	0	3	0	0	0	226
43 774	16 091	3000	13 980	11 596	0	0	4325
153 673	47 872	4000	65 747	61 825	169	21 682	14 068
176 490	7604	2298	21 301	14 660	0	4414	56 896
80 306	19 994	2325	64 382	63 739	0	156 900	22 116
263 278	61 201	11 762	70 075	60 127	79	69 479	35 901
154 096	23 803	1071	47 759	47 426	0	9931	18 170
30 074	5194	1613	6911	5261	0	2245	2952
14 300	1425	1885	7444	7211	0	822	971
6220	1655	903	1783	1114	0	627	1119
3604	434	230	606	606	0	24	169

表 6 经费

序号	指标	行号	经费内部支出总额	科技经费内部支出	日常性支出
1	总计	00	1 902 135	1 480 176	1 119 773
2	1. 按机构所属地域分布				
3	山东省	370000	1 902 135	1 480 176	1 119 773
4	济南市	370100	848 736	598 180	471 610
5	历下区	370102	258 202	143 161	126 787
6	市中区	370103	66 300	31 583	29 363
7	槐荫区	370104	33 353	22 055	19 583
8	天桥区	370105	29 580	26 843	23 143
9	历城区	370112	227 150	187 597	175 962
10	济阳区	370115	4690	4186	2146
11	平阴县	370124	342	342	341
12	济南高新技术产业开发区	370171	229 119	182 413	94 285
13	青岛市	370200	575 305	499 611	392 264
14	市辖区	370201	2884	2884	1846
15	市南区	370202	148 109	107 160	99 028
16	市北区	370203	18 187	16 353	15 989
17	黄岛区	370211	15 077	12 723	9922
18	崂山区	370212	200 154	182 293	140 502
19	李沧区	370213	15 430	13 966	13 227
20	城阳区	370214	37 713	29 833	27 075
21	即墨区	370215	131 616	128 778	79 511
22	青岛高新技术产业开发区	370271	5709	5196	4870
23	莱西市	370285	428	425	295
24	淄博市	370300	19 950	16 978	14 924
25	市辖区	370301	9152	8519	7239
26	张店区	370303	10 697	8359	7585

支出（2022 年）

计量单位：万元

人员劳务费	其他日常性支出	资产性支出	仪器与设备支出	非基建的科学仪器与设备支出	基建的仪器与设备支出	土建费支出	资本化的计算机软件支出	专利和专有技术支出	生产经营支出	其他支出
569 767	550 007	360 403	216 210	198 197	18 014	138 725	3801	1667	269 430	152 529
569 767	550 007	360 403	216 210	198 197	18 014	138 725	3801	1667	269 430	152 529
228 314	243 296	126 570	117 977	109 840	8137	5575	1954	1064	178 819	71 737
57 481	69 306	16 374	15 562	14 801	761	162	208	442	88 307	26 735
21 532	7831	2220	2002	1012	990	163	43	13	28 954	5763
10 497	9086	2472	2161	2041	120	101	0	210	1941	9358
13 177	9966	3699	3564	3133	431	135	0	0	12	2725
80 789	95 173	11 635	6341	5210	1131	4658	607	29	28 190	11 363
1304	842	2040	2039	2039	0	0	0	1	284	220
316	25	1	1	1	0	0	0	0	0	0
43 217	51 068	88 128	86 307	81 603	4704	357	1095	369	31 132	15 574
193 123	199 141	107 347	55 789	50 013	5776	49 671	1535	352	26 512	49 183
1127	718	1038	1038	1038	0	0	0	0	0	0
56 254	42 773	8133	6805	5564	1241	1142	127	59	7145	33 803
8562	7427	364	220	220	0	0	142	3	10	1823
3498	6424	2802	2263	2263	0	538	0	0	1293	1061
70 701	69 801	41 791	27 213	23 422	3791	13 886	575	118	13 207	4654
9572	3655	739	640	632	8	0	99	0	1	1464
5674	21 401	2758	2630	2621	9	0	13	115	4526	3355
35 263	44 248	49 267	14 532	13 934	598	34 105	580	50	9	2829
2337	2534	326	319	319	0	0	0	7	321	192
135	160	130	130	0	130	0	0	0	0	3
9388	5536	2054	1991	590	1401	53	7	3	1077	1895
3522	3717	1280	1217	494	723	53	7	3	582	52
5813	1772	774	774	96	678	0	0	0	495	1843

序号	指标	行号	经费内部支出总额	科技经费内部支出	日常性支出
27	周村区	370306	100	100	100
28	枣庄市	370400	1767	1741	1447
29	薛城区	370403	1363	1356	1286
30	滕州市	370481	405	385	161
31	东营市	370500	4811	4368	4194
32	市辖区	370501	3198	2801	2801
33	东营区	370502	1077	1051	970
34	垦利区	370505	537	517	423
35	烟台市	370600	167 903	161 859	69 932
36	市辖区	370601	2345	1685	1649
37	芝罘区	370602	14 896	13 594	12 563
38	福山区	370611	29 628	25 887	24 738
39	莱山区	370613	21 445	21 219	20 089
40	蓬莱区	370614	2914	2807	1674
41	烟台高新技术产业开发区	370671	47 368	47 361	6482
42	烟台经济技术开发区	370672	49 307	49 307	2737
43	潍坊市	370700	60 073	43 171	28 234
44	市辖区	370701	4231	3831	3764
45	潍城区	370702	5551	4024	3566
46	寒亭区	370703	4090	2391	1998
47	坊子区	370704	29 631	29 629	16 218
48	奎文区	370705	1202	1138	1137
49	寿光市	370783	13 977	767	729
50	昌邑市	370786	1392	1392	821
51	济宁市	370800	72 355	58 433	52 906
52	市辖区	370801	3071	2688	2407
53	任城区	370811	23 584	19 773	16 107
54	兖州区	370812	36 381	31 460	30 941

续表

人员 劳务费	其他 日常性 支出	资产性 支出	仪器与 设备 支出			土建费	资本化 的计算 机软件 支出	专利和 专有技 术支出	生产经 营支出	其他 支出
				非基建的 科学仪器与 设备支出	基建的仪 器与设备 支出					
53	47	0	0	0	0	0	0	0	0	0
1349	98	294	282	248	33	0	5	7	11	16
1248	38	70	60	60	0	0	5	5	1	6
101	60	224	222	188	33	0	0	2	10	10
2679	1515	175	132	132	0	22	20	0	443	0
1969	831	0	0	0	0	0	0	0	397	0
615	355	81	59	59	0	22	0	0	26	0
95	329	94	74	74	0	0	20	0	20	0
41 823	28 109	91 927	15 961	15 769	192	75 840	108	18	2351	3693
1154	495	36	36	36	0	0	0	0	301	359
9297	3266	1031	351	159	192	679	0	0	0	1302
12 789	11 949	1149	1145	1145	0	0	0	4	2043	1699
13 484	6606	1130	1085	1085	0	0	30	14	0	226
866	808	1133	480	480	0	653	0	0	0	108
2647	3834	40 879	7001	7001	0	33 800	78	0	8	0
1586	1151	46 570	5863	5863	0	40 707	0	0	0	0
10 697	17 536	14 938	12 973	12 943	30	1953	10	2	16 129	774
216	3548	67	67	47	20	0	0	0	1	400
1390	2176	457	457	457	0	0	0	0	1388	139
1972	27	393	393	393	0	0	0	0	1678	21
5184	11 034	13 411	12 001	12 001	0	1399	9	2	2	0
1021	116	1	1	1	0	0	0	0	0	64
466	263	38	38	28	10	0	0	0	13 060	150
450	371	571	16	16	0	553	1	0	0	0
19 923	32 983	5528	2849	2417	432	2457	120	102	8213	5709
1951	456	281	49	49	0	232	0	0	251	132
11 722	4386	3665	1440	1440	0	2226	0	0	0	3811
5114	25 827	519	511	511	0	0	8	0	3169	1752

序号	指标	行号	经费内部支出总额	科技经费内部支出	日常性支出
55	微山县	370826	433	424	415
56	济宁高新技术产业开发区	370871	8751	3962	2920
57	邹城市	370883	136	127	116
58	泰安市	370900	50 457	33 197	27 971
59	泰山区	370902	29 808	25 307	20 081
60	岱岳区	370911	20 648	7890	7890
61	威海市	371000	10 568	6862	5810
62	市辖区	371001	4787	2569	2317
63	环翠区	371002	1199	1192	952
64	文登区	371003	2052	1567	1006
65	荣成市	371082	2225	1453	1453
66	乳山市	371083	305	81	81
67	日照市	371100	31 293	11 773	10 949
68	市辖区	371101	8896	6950	6400
69	东港区	371102	22 396	4824	4550
70	临沂市	371300	30 619	23 614	21 020
71	市辖区	371301	4542	4164	4077
72	兰山区	371302	24 972	18 345	15 891
73	河东区	371312	1065	1065	1011
74	莒南县	371327	41	41	41
75	德州市	371400	5155	2025	1829
76	市辖区	371401	3987	886	880
77	德城区	371402	98	98	98
78	齐河县	371425	204	175	88
79	禹城市	371482	866	866	763
80	聊城市	371500	7119	5167	4089
81	市辖区	371501	7119	5167	4089
82	滨州市	371600	6715	6087	5718

续表

人员劳务费	其他日常性支出	资产性支出	仪器与设备支出			土建费	资本化的计算机软件支出	专利和专有技术支出	生产经营支出	其他支出
				非基建的科学仪器与设备支出	基建的仪器与设备支出					
349	66	9	9	9	0	0	0	1	0	9
681	2239	1042	840	408	432	0	101	101	4789	0
106	10	11	0	0	0	0	11	0	5	5
19 363	8608	5226	2197	1342	855	3029	0	0	14 037	3222
14 599	5482	5226	2197	1342	855	3029	0	0	2314	2188
4764	3126	0	0	0	0	0	0	0	11 724	1035
3811	1999	1052	1022	492	530	30	0	0	2218	1489
1614	703	252	252	252	0	0	0	0	2218	0
437	516	240	240	240	0	0	0	0	0	7
534	473	560	530	0	530	30	0	0	0	485
1180	274	0	0	0	0	0	0	0	0	772
47	34	0	0	0	0	0	0	0	0	224
8928	2021	824	694	395	299	0	42	89	15 174	4346
5734	665	550	550	313	237	0	0	0	1026	921
3194	1355	274	144	82	62	0	42	89	14 148	3424
15 993	5027	2595	2595	2595	0	0	0	0	1407	5597
3347	730	87	87	87	0	0	0	0	0	378
11 830	4061	2454	2454	2454	0	0	0	0	1407	5219
805	206	54	54	54	0	0	0	0	0	0
11	30	0	0	0	0	0	0	0	0	0
1032	797	196	153	111	42	40	0	4	15	3114
724	156	6	6	6	0	0	0	0	0	3101
92	6	0	0	0	0	0	0	0	0	0
25	64	87	43	1	42	40	0	4	15	13
191	572	103	103	103	0	0	0	0	0	0
2977	1112	1079	1021	1021	0	55	1	3	1527	425
2977	1112	1079	1021	1021	0	55	1	3	1527	425
4533	1185	369	345	187	158	0	0	25	27	601

序号	指标	行号	经费内部支出总额	科技经费内部支出	日常性支出
83	市辖区	371601	6715	6087	5718
84	菏泽市	371700	9310	7110	6880
85	市辖区	371701	3804	3171	2989
86	牡丹区	371702	1765	1765	1765
87	菏泽经济技术开发区	371771	3742	2175	2126
88	2. 按机构所属隶属关系分布				
89	中央部门属	010	356 800	327 623	282 642
90	中国科学院	011	120 926	118 369	110 412
91	非中央部门属	020	1 545 335	1 152 553	837 131
92	省级部门属	021	847 953	634 413	536 770
93	副省级城市属	022	323 937	206 660	108 806
94	地市级部门属	023	271 074	224 198	125 458
95	3. 按机构从事的国民经济行业分布				
96	科学研究和技术服务业	M	1 902 135	1 480 176	1 119 773
97	研究和试验发展	73	1 499 104	1 194 327	866 595
98	专业技术服务业	74	349 594	243 291	215 735
99	科技推广和应用服务业	75	53 438	42 559	37 443
100	4. 按机构服务的国民经济行业分布				
101	农、林、牧、渔业	A	180 313	165 351	149 801
102	农业	01	74 292	68 413	63 679
103	林业	02	11 626	10 864	10 194
104	畜牧业	03	9986	8868	7889
105	渔业	04	56 259	52 906	46 959
106	农、林、牧、渔专业及辅助性活动	05	28 149	24 300	21 080
107	制造业	C	294 503	201 791	144 577
108	农副食品加工业	13	630	630	541
109	食品制造业	14	21 396	20 710	18 631
110	纺织业	17	1102	540	540

续表

人员 劳务费	其他 日常性 支出	资产性 支出	仪器与 设备 支出	非基建的 科学仪器与 设备支出	基建的仪 器与设备 支出	土建费	资本化 的计算 机软件 支出	专利和 专有技 术支出	生产经 营支出	其他 支出
4533	1185	369	345	187	158	0	0	25	27	601
5835	1045	230	230	103	127	0	0	0	1470	729
2329	660	182	182	55	127	0	0	0	0	633
1626	139	0	0	0	0	0	0	0	0	0
1880	246	49	49	49	0	0	0	0	1470	97
138 957	143 685	44 981	26 976	21 967	5009	16 909	916	180	19 061	10 116
59 562	50 850	7957	6660	6660	0	811	428	59	234	2323
430 810	406 321	315 422	189 235	176 230	13 005	121 815	2885	1487	250 369	142 413
256 343	280 427	97 644	73 313	71 403	1910	22 151	1149	1030	105 278	108 262
56 922	51 884	97 855	74 656	69 433	5223	22 104	993	102	105 470	11 807
83 476	41 983	98 740	22 142	19 365	2777	76 225	219	155	34 329	12 548
569 767	550 007	360 403	216 210	198 197	18 014	138 725	3801	1667	269 430	152 529
455 447	411 147	327 733	185 233	170 897	14 336	138 115	3302	1082	182 148	122 629
92 655	123 081	27 555	26 366	24 470	1897	404	317	468	80 148	26 156
21 665	15 778	5115	4611	2830	1781	205	182	117	7135	3745
93 653	56 148	15 550	7882	6640	1242	7485	121	62	1729	13 233
42 422	21 257	4735	1760	1633	127	2949	6	21	25	5854
4514	5680	670	549	305	244	121	0	0	0	762
4937	2953	979	339	339	0	640	0	0	0	1118
24 880	22 079	5947	3485	2772	713	2349	110	3	1235	2119
16 901	4180	3220	1749	1591	158	1428	5	39	468	3381
61 972	82 605	57 215	54 929	52 097	2832	1976	44	266	80 063	12 649
254	288	89	89	89	0	0	0	0	0	0
1946	16 684	2079	2079	2079	0	0	0	0	0	687
314	226	0	0	0	0	0	0	0	0	562

序号	指标	行号	经费内部支出总额	科技经费内部支出	日常性支出
111	皮革、毛皮、羽毛及其制品和制鞋业	19	360	192	192
112	家具制造业	21	240	175	175
113	造纸和纸制品业	22	676	270	270
114	文教、工美、体育和娱乐用品制造业	24	586	394	394
115	化学原料和化学制品制造业	26	11 776	8893	7197
116	医药制造业	27	42 557	38 381	34 388
117	化学纤维制造业	28	606	499	413
118	黑色金属冶炼和压延加工业	31	41	41	41
119	专用设备制造业	35	32 045	29 044	19 037
120	汽车制造业	36	825	644	636
121	铁路、船舶、航空航天和其他运输设备制造业	37	7580	7580	4696
122	计算机、通信和其他电子设备制造业	39	93 875	15 707	14 572
123	仪器仪表制造业	40	37 986	35 867	28 243
124	其他制造业	41	42 225	42 225	14 612
125	建筑业	E	3832	2439	2376
126	房屋建筑业	47	3832	2439	2376
127	交通运输、仓储和邮政业	G	22 549	22 261	19 369
128	铁路运输业	53	6215	6215	5875
129	道路运输业	54	16 333	16 046	13 495
130	信息传输、软件和信息技术服务业	I	32 515	27 793	22 298
131	软件和信息技术服务业	65	32 515	27 793	22 298
132	租赁和商务服务业	L	926	256	256
133	商务服务业	72	926	256	256
134	科学研究和技术服务业	M	1 215 229	981 038	708 581
135	研究和试验发展	73	715 704	668 265	427 860
136	专业技术服务业	74	466 801	287 575	259 202
137	科技推广和应用服务业	75	32 724	25 198	21 518
138	水利、环境和公共设施管理业	N	45 675	38 924	36 171

续表

人员劳务费	其他日常性支出	资产性支出	仪器与设备支出	非基建的科学仪器与设备支出	基建的仪器与设备支出	土建费	资本化的计算机软件支出	专利和专有技术支出	生产经营支出	其他支出
160	32	0	0	0	0	0	0	0	0	168
152	23	0	0	0	0	0	0	0	0	65
215	56	0	0	0	0	0	0	0	0	406
350	44	0	0	0	0	0	0	0	0	192
4976	2221	1697	1561	357	1204	135	0	0	1371	1512
8519	25 869	3992	3686	3586	100	41	0	266	21	4155
320	93	86	86	86	0	0	0	0	47	61
11	30	0	0	0	0	0	0	0	0	0
12 644	6393	10 007	9985	9143	842	0	22	0	861	2139
322	313	8	8	0	8	0	0	0	0	181
1610	3087	2884	2346	2346	0	538	0	0	0	0
3049	11 523	1135	1135	457	678	0	0	0	77 764	404
16 405	11 838	7625	6360	6360	0	1262	3	0	0	2118
10 725	3886	27 613	27 594	27 594	0	0	19	0	0	0
1842	534	63	63	63	0	0	0	1	0	1393
1842	534	63	63	63	0	0	0	1	0	1393
9546	9823	2892	2884	2884	0	0	8	0	12	276
2695	3180	341	333	333	0	0	8	0	0	0
6851	6644	2551	2551	2551	0	0	0	0	12	276
9585	12 713	5495	5492	4502	990	0	0	3	1370	3352
9585	12 713	5495	5492	4502	990	0	0	3	1370	3352
147	109	0	0	0	0	0	0	0	95	575
147	109	0	0	0	0	0	0	0	95	575
358 142	350 439	272 457	138 866	126 563	12 304	128 990	3518	1083	176 243	57 948
211 302	216 559	240 405	108 286	102 154	6131	128 487	2971	662	17 687	29 752
133 253	125 950	28 373	27 359	22 065	5293	284	419	311	153 586	25 640
13 588	7930	3680	3222	2343	879	219	129	110	4970	2556
19 127	17 044	2753	2638	2201	436	0	73	42	1001	5751

序号	指标	行号	经费内部支出总额	科技经费内部支出	日常性支出
139	水利管理业	76	15 451	14 629	14 500
140	生态保护和环境治理业	77	25 534	20 028	17 440
141	公共设施管理业	78	4689	4267	4231
142	教育	P	2428	2202	2202
143	教育	83	2428	2202	2202
144	卫生和社会工作	Q	85 085	20 035	17 745
145	卫生	84	85 085	20 035	17 745
146	文化、体育和娱乐业	R	16 413	15 846	14 445
147	文化艺术业	88	16 413	15 846	14 445
148	公共管理、社会保障和社会组织	S	2669	2240	1953
149	国家机构	92	2669	2240	1953
150	5.按机构所属学科分布				
151	自然科学	A	466 174	424 728	320 776
152	信息科学与系统科学	120	25 383	21 588	20 246
153	物理学	140	62 276	58 741	24 992
154	化学	150	17 055	15 367	13 718
155	地球科学	170	340 651	311 801	245 045
156	生物学	180	20 810	17 231	16 776
157	农业科学	B	325 969	303 124	272 488
158	农学	210	223 561	207 098	184 608
159	林学	220	16 955	15 705	14 997
160	畜牧、兽医科学	230	23 044	21 497	20 211
161	水产学	240	62 409	58 824	52 672
162	医学科学	C	197 266	126 429	76 907
163	基础医学	310	16 827	12 777	11 218
164	临床医学	320	58 802	9190	7755
165	预防医学与公共卫生学	330	18 405	6905	6472
166	药学	350	96 433	91 341	46 509

人员劳务费	其他日常性支出	资产性支出	仪器与设备支出	非基建的科学仪器与设备支出	基建的仪器与设备支出	土建费	资本化的计算机软件支出	专利和专有技术支出	生产经营支出	其他支出
2769	11 731	129	79	79	0	0	8	42	0	822
12 657	4783	2588	2533	2097	436	0	55	0	940	4567
3701	530	36	26	26	0	0	10	0	61	362
1808	394	0	0	0	0	0	0	0	0	226
1808	394	0	0	0	0	0	0	0	0	226
10 510	7236	2290	1942	1822	120	101	38	210	8917	56 132
10 510	7236	2290	1942	1822	120	101	38	210	8917	56 132
2076	12 369	1401	1401	1401	0	0	0	0	0	567
2076	12 369	1401	1401	1401	0	0	0	0	0	567
1360	593	287	115	25	90	173	0	0	0	429
1360	593	287	115	25	90	173	0	0	0	429
161 506	159 270	103 952	62 294	57 390	4904	39 888	1574	196	22 517	18 929
13 730	6516	1343	597	495	103	218	510	17	2410	1385
15 793	9199	33 749	29 193	29 193	0	4440	115	0	1622	1913
11 571	2147	1649	1649	1411	237	0	0	0	1089	599
112 362	132 683	66 756	30 411	25 848	4563	35 230	938	178	16 098	12 752
8050	8726	455	444	443	0	0	11	1	1298	2281
144 448	128 040	30 636	21 857	20 567	1290	8481	234	64	2435	20 410
93 753	90 855	22 490	16 987	16 654	333	5372	109	23	1139	15 324
8713	6284	708	578	334	244	121	10	0	61	1189
12 480	7731	1286	616	616	0	640	5	25	0	1547
29 502	23 170	6152	3676	2963	713	2349	110	17	1235	2350
32 946	43 962	49 522	14 989	14 722	267	33 942	116	476	9592	61 245
8307	2911	1559	1559	1559	0	0	0	0	168	3882
2508	5248	1435	1109	989	120	101	16	210	8917	40 695
4353	2119	434	411	411	0	0	22	0	0	11 499
13 993	32 516	44 832	10 647	10 500	147	33 841	78	266	506	4586

序号	指标	行号	经费内部支出总额	科技经费内部支出	日常性支出
167	中医学与中药学	360	6800	6216	4953
168	工程与技术科学	D	853 784	572 792	398 761
169	工程与技术科学基础学科	410	75 137	48 052	35 942
170	信息与系统科学相关工程与技术	413	16 526	15 821	14 307
171	自然科学相关工程与技术	416	130 945	89 268	28 257
172	测绘科学技术	420	63 308	37 307	37 203
173	材料科学	430	26 791	25 968	15 246
174	冶金工程技术	450	1466	41	41
175	机械工程	460	11 087	8106	7101
176	动力与电气工程	470	32 409	32 377	2412
177	能源科学技术	480	77 589	76 513	51 158
178	核科学技术	490	2054	1550	1344
179	电子与通信技术	510	128 779	49 332	41 599
180	计算机科学技术	520	34 378	28 898	23 372
181	化学工程	530	40 496	25 869	22 424
182	产品应用相关工程与技术	535	5795	5614	4749
183	纺织科学技术	540	1436	814	814
184	食品科学技术	550	5480	4773	4648
185	土木建筑工程	560	26 922	7670	3638
186	水利工程	570	15 451	14 629	14 500
187	交通运输工程	580	22 549	22 261	19 369
188	航空、航天科学技术	590	6824	6824	4136
189	环境科学技术及资源科学技术	610	76 680	51 133	47 383
190	安全科学技术	620	16 344	11 688	11 083
191	管理学	630	35 340	8284	8036
192	人文与社会科学	E	58 943	53 104	50 841
193	艺术学	760	3173	2981	2948
194	考古学	780	16 413	15 846	14 445

续表

人员劳务费	其他日常性支出	资产性支出	仪器与设备支出	非基建的科学仪器与设备支出	基建的仪器与设备支出	土建费	资本化的计算机软件支出	专利和专有技术支出	生产经营支出	其他支出
3785	1168	1263	1263	1263	0	0	0	0	0	583
199 982	198 780	174 030	115 379	103 827	11 553	56 252	1868	532	234 487	46 505
17 482	18 460	12 110	11 769	9642	2127	70	109	162	24 771	2314
6964	7343	1515	1339	346	993	173	0	3	254	451
18 622	9635	61 011	17 334	16 275	1059	42 824	766	87	28 121	13 556
16 010	21 193	104	80	80	0	0	9	15	21 152	4849
8789	6458	10 722	10 552	9515	1038	135	29	5	173	650
11	30	0	0	0	0	0	0	0	853	573
4702	2399	1005	1005	257	748	0	0	0	481	2500
1724	689	29 965	29 801	29 801	0	0	163	0	0	32
22 341	28 817	25 355	14 052	14 052	0	10 909	394	0	0	1076
1017	327	206	205	205	0	0	0	1	284	220
19 929	21 671	7733	6448	6448	0	1262	23	1	75 997	3450
11 659	11 713	5526	5402	4321	1081	0	11	113	1430	4051
4421	18 003	3445	3445	3435	10	0	0	0	13 361	1266
1605	3144	866	552	292	260	110	101	103	67	114
577	237	0	0	0	0	0	0	0	0	622
2470	2178	125	120	120	0	0	5	0	20	687
2908	729	4032	4008	208	3800	0	24	0	18 658	595
2769	11 731	129	79	79	0	0	8	42	0	822
9546	9823	2892	2884	2884	0	0	8	0	12	276
1312	2825	2687	2149	2149	0	538	0	0	0	0
31 211	16 172	3750	3533	3096	436	0	218	0	19 922	5625
7333	3750	606	374	374	0	232	0	0	3150	1506
6581	1454	249	249	249	0	0	0	0	25 783	1272
30 886	19 955	2263	1692	1692	0	163	9	400	400	5440
2288	659	34	34	34	0	0	0	0	0	192
2076	12 369	1401	1401	1401	0	0	0	0	0	567

序号	指标	行号	经费内部支出总额	科技经费内部支出	日常性支出
195	经济学	790	926	256	256
196	社会学	840	19 567	17 081	16 880
197	图书馆、情报与文献学	870	16 436	14 737	14 109
198	教育学	880	2428	2202	2202
199	6.按机构从业人员规模分布				
200	≥ 1000 人	00	78 879	76 338	75 152
201	500 ~ 999 人	01	329 230	289 610	236 118
202	300 ~ 499 人	02	280 176	212 177	153 054
203	200 ~ 299 人	03	345 772	197 122	140 829
204	100 ~ 199 人	04	534 926	429 580	286 252
205	50 ~ 99 人	05	236 647	195 457	161 275
206	30 ~ 49 人	06	49 745	41 578	37 464
207	20 ~ 29 人	07	29 075	22 539	17 645
208	10 ~ 19 人	08	13 272	11 515	9574
209	0 ~ 9 人	09	4416	4260	2411

续表

人员劳务费	其他日常性支出	资产性支出	仪器与设备支出			土建费	资本化的计算机软件支出	专利和专有技术支出	生产经营支出	其他支出
				非基建的科学仪器与设备支出	基建的仪器与设备支出					
147	109	0	0	0	0	0	0	0	95	575
13 477	3403	201	201	201	0	0	0	0	305	2181
11 090	3020	628	56	56	0	163	9	400	0	1699
1808	394	0	0	0	0	0	0	0	0	226
27 234	47 917	1187	1187	1000	186	0	0	0	671	1870
121 549	114 569	53 492	49 647	45 339	4308	3077	691	77	29 493	10 127
69 344	83 710	59 123	22 588	21 934	654	35 723	527	285	20 129	47 871
71 599	69 230	56 294	55 566	50 924	4642	289	293	146	130 249	18 400
148 697	137 555	143 328	55 761	51 905	3856	86 709	634	224	66 197	39 148
89 035	72 240	34 182	21 119	20 300	819	10 809	1497	756	14 922	26 268
27 098	10 366	4114	2831	1352	1479	1257	19	8	2083	6084
8902	8743	4894	4430	2664	1766	197	112	155	5307	1229
5196	4378	1941	1306	1046	260	623	2	10	312	1445
1113	1298	1849	1775	1733	42	40	27	7	68	88

表 7 科研基建

序号	指标	行号	科研基建
1	总计	00	156 738
2	1. 按机构所属地域分布		
3	山东省	370000	156 738
4	济南市	370100	13 713
5	历下区	370102	923
6	市中区	370103	1153
7	槐荫区	370104	221
8	天桥区	370105	567
9	历城区	370112	5789
10	济阳区	370115	0
11	平阴县	370124	0
12	济南高新技术产业开发区	370171	5061
13	青岛市	370200	55 448
14	市辖区	370201	0
15	市南区	370202	2383
16	市北区	370203	0
17	黄岛区	370211	538
18	崂山区	370212	17 676
19	李沧区	370213	8
20	城阳区	370214	9
21	即墨区	370215	34 703
22	青岛高新技术产业开发区	370271	0
23	莱西市	370285	130
24	淄博市	370300	1454
25	市辖区	370301	776
26	张店区	370303	678
27	周村区	370306	0
28	枣庄市	370400	33
29	薛城区	370403	0
30	滕州市	370481	33
31	东营市	370500	22
32	市辖区	370501	0

与固定资产（2022 年）

计量单位：万元

按经费来源分					年末固定资产原价	#科研房屋建筑物	#科研仪器设备	#进口
政府资金	企业资金	事业单位资金	国外资金	其他资金				
145 257	4	10 491	0	986	2 785 725	773 569	1 549 863	368 232
145 257	4	10 491	0	986	2 785 725	773 569	1 549 863	368 232
8469	0	5243	0	0	988 113	289 933	532 226	117 221
506	0	417	0	0	296 141	58 801	198 187	24 571
1153	0	0	0	0	52 663	991	8327	596
0	0	221	0	0	49 694	22 413	26 425	6193
82	0	484	0	0	48 772	30 991	15 312	1558
5469	0	321	0	0	309 336	112 454	144 407	28 815
0	0	0	0	0	1065	0	337	0
0	0	0	0	0	287	101	13	0
1261	0	3800	0	0	230 155	64 182	139 218	55 488
54 377	1	1068	0	2	1 219 450	278 290	784 811	179 884
0	0	0	0	0	3793	0	3793	0
1944	0	436	0	2	378 300	76 890	233 254	101 818
0	0	0	0	0	31 910	1650	16 408	98
538	0	0	0	0	45 458	0	43 210	2564
17 044	1	631	0	0	381 236	88 734	254 454	43 073
8	0	0	0	0	24 991	13 312	11 082	0
9	0	0	0	0	60 706	50	47 544	51
34 703	0	0	0	0	279 420	91 479	169 419	31 091
0	0	0	0	0	13 055	5975	5267	1189
130	0	0	0	0	580	200	380	0
1454	0	0	0	0	48 207	5782	36 260	17 596
776	0	0	0	0	26 457	1521	22 642	11 553
678	0	0	0	0	21 705	4262	13 610	6043
0	0	0	0	0	45	0	9	0
33	0	0	0	0	1443	285	92	21
0	0	0	0	0	1410	285	59	21
33	0	0	0	0	33	0	33	0
22	0	0	0	0	7303	602	5681	753
0	0	0	0	0	6064	535	5048	753

序号	指标	行号	科研基建
33	东营区	370502	22
34	垦利区	370505	0
35	烟台市	370600	76 032
36	市辖区	370601	0
37	芝罘区	370602	872
38	福山区	370611	0
39	莱山区	370613	0
40	蓬莱区	370614	653
41	烟台高新技术产业开发区	370671	33 800
42	烟台经济技术开发区	370672	40 707
43	潍坊市	370700	1982
44	市辖区	370701	20
45	潍城区	370702	0
46	寒亭区	370703	0
47	坊子区	370704	1399
48	奎文区	370705	0
49	寿光市	370783	10
50	昌邑市	370786	553
51	济宁市	370800	2889
52	市辖区	370801	232
53	任城区	370811	2226
54	兖州区	370812	0
55	微山县	370826	0
56	济宁高新技术产业开发区	370871	432
57	邹城市	370883	0
58	泰安市	370900	3884
59	泰山区	370902	3884
60	岱岳区	370911	0
61	威海市	371000	560
62	市辖区	371001	0
63	环翠区	371002	0
64	文登区	371003	560
65	荣成市	371082	0

续表

按经费来源分					年末固定资产原价	#科研房屋建筑物	#科研仪器设备	
政府资金	企业资金	事业单位资金	国外资金	其他资金				#进口
22	0	0	0	0	845	67	282	0
0	0	0	0	0	394	0	352	0
75 862	0	170	0	0	246 286	112 473	82 223	23 662
0	0	0	0	0	5059	0	5059	4289
702	0	170	0	0	53 780	3768	5145	0
0	0	0	0	0	36 756	11 862	19 435	1004
0	0	0	0	0	49 891	25 364	23 980	9033
653	0	0	0	0	10 944	8154	2072	0
33 800	0	0	0	0	79 608	63 324	16 284	9336
40 707	0	0	0	0	10 249	0	10 249	0
1953	0	10	0	20	42 996	6790	19 596	5839
0	0	0	0	20	6452	0	570	0
0	0	0	0	0	2629	247	2305	0
0	0	0	0	0	14 900	1430	6243	635
1399	0	0	0	0	12 323	1955	8160	4016
0	0	0	0	0	60	0	41	0
0	0	10	0	0	3740	763	1931	1189
553	0	0	0	0	2891	2395	347	0
664	0	1262	0	964	78 118	34 645	26 144	380
232	0	0	0	0	7564	4697	1946	0
0	0	1262	0	964	35 192	18 584	12 459	277
0	0	0	0	0	30 678	11 364	7074	0
0	0	0	0	0	141	0	124	103
432	0	0	0	0	309	0	309	0
0	0	0	0	0	4233	0	4233	0
1225	0	2659	0	0	40 624	14 228	14 015	8035
1225	0	2659	0	0	31 173	14 228	13 331	8035
0	0	0	0	0	9451	0	684	0
557	4	0	0	0	25 267	6378	7671	1854
0	0	0	0	0	19 201	5129	3541	344
0	0	0	0	0	360	0	242	0
557	4	0	0	0	3669	249	3420	1510
0	0	0	0	0	1862	1000	292	0

序号	指标	行号	科研基建
66	乳山市	371083	0
67	日照市	371100	299
68	市辖区	371101	237
69	东港区	371102	62
70	临沂市	371300	0
71	市辖区	371301	0
72	兰山区	371302	0
73	河东区	371312	0
74	莒南县	371327	0
75	德州市	371400	82
76	市辖区	371401	0
77	德城区	371402	0
78	齐河县	371425	82
79	禹城市	371482	0
80	聊城市	371500	55
81	市辖区	371501	55
82	滨州市	371600	158
83	市辖区	371601	158
84	菏泽市	371700	127
85	市辖区	371701	127
86	牡丹区	371702	0
87	菏泽经济技术开发区	371771	0
88	2. 按机构所属隶属关系分布		
89	中央部门属	010	21 918
90	中国科学院	011	811
91	非中央部门属	020	134 820
92	省级部门属	021	24 060
93	副省级城市属	022	27 327
94	地市级部门属	023	79 002
95	3. 按机构从事的国民经济行业分布		
96	科学研究和技术服务业	M	156 738
97	研究和试验发展	73	152 451
98	专业技术服务业	74	2301

续表

按经费来源分					年末固定资产原价	#科研房屋建筑物	#科研仪器设备	
政府资金	企业资金	事业单位资金	国外资金	其他资金				#进口
0	0	0	0	0	175	0	175	0
237	0	62	0	0	32 911	4971	14 563	4077
237	0	0	0	0	15 038	1187	12 569	3548
0	0	62	0	0	17 873	3784	1994	529
0	0	0	0	0	16 976	3145	10 600	2374
0	0	0	0	0	2878	1750	1036	0
0	0	0	0	0	12 448	1395	7914	2374
0	0	0	0	0	171	0	171	0
0	0	0	0	0	1479	0	1479	0
82	0	0	0	0	4058	2985	1068	0
0	0	0	0	0	2613	2418	195	0
0	0	0	0	0	5	0	0	0
82	0	0	0	0	427	67	360	0
0	0	0	0	0	1013	500	513	0
38	0	17	0	0	21 111	11 443	5967	2398
38	0	17	0	0	21 111	11 443	5967	2398
158	0	0	0	0	3483	605	1763	38
158	0	0	0	0	3483	605	1763	38
127	0	0	0	0	9379	1014	7183	4100
127	0	0	0	0	2403	920	1037	0
0	0	0	0	0	633	0	574	113
0	0	0	0	0	6343	94	5573	3988
21 918	0	0	0	0	926 096	203 167	643 063	141 227
811	0	0	0	0	337 159	99 864	227 354	88 798
123 339	4	10 491	0	986	1 859 629	570 402	906 801	227 004
18 870	0	5190	0	0	1 151 602	344 474	540 102	130 728
23 090	0	4237	0	0	264 143	84 221	132 769	39 395
77 838	0	180	0	984	312 069	127 131	129 052	45 680
145 257	4	10 491	0	986	2 785 725	773 569	1 549 863	368 232
141 473	4	9990	0	984	2 225 623	658 178	1 218 541	262 864
2301	0	0	0	0	507 552	109 042	291 499	91 784

序号	指标	行号	科研基建
99	科技推广和应用服务业	75	1987
100	4.按机构服务的国民经济行业分布		
101	农、林、牧、渔业	A	8727
102	农业	01	3076
103	林业	02	365
104	畜牧业	03	640
105	渔业	04	3062
106	农、林、牧、渔专业及辅助性活动	05	1585
107	制造业	C	4808
108	农副食品加工业	13	0
109	食品制造业	14	0
110	纺织业	17	0
111	皮革、毛皮、羽毛及其制品和制鞋业	19	0
112	家具制造业	21	0
113	造纸和纸制品业	22	0
114	文教、工美、体育和娱乐用品制造业	24	0
115	化学原料和化学制品制造业	26	1339
116	医药制造业	27	141
117	化学纤维制造业	28	0
118	黑色金属冶炼和压延加工业	31	0
119	专用设备制造业	35	842
120	汽车制造业	36	8
121	铁路、船舶、航空航天和其他运输设备制造业	37	538
122	计算机、通信和其他电子设备制造业	39	678
123	仪器仪表制造业	40	1262
124	其他制造业	41	0
125	建筑业	E	0
126	房屋建筑业	47	0
127	交通运输、仓储和邮政业	G	0
128	铁路运输业	53	0
129	道路运输业	54	0
130	信息传输、软件和信息技术服务业	I	990
131	软件和信息技术服务业	65	990

续表

按经费来源分					年末固定资产原价	#科研房屋建筑物	#科研仪器设备	#进口
政府资金	企业资金	事业单位资金	国外资金	其他资金				
1483	0	502	0	2	52 550	6349	39 823	13 583
5436	0	3291	0	0	337 011	129 690	131 484	34 163
416	0	2659	0	0	80 247	41 051	30 957	8363
365	0	0	0	0	7485	3155	2193	148
640	0	0	0	0	52 238	4825	4210	29
3062	0	0	0	0	156 356	56 944	81 186	24 606
954	0	631	0	0	40 686	23 716	12 939	1018
3062	0	1746	0	0	358 659	89 924	246 519	72 586
0	0	0	0	0	1021	0	817	0
0	0	0	0	0	51 661	266	44 296	0
0	0	0	0	0	1882	1650	119	28
0	0	0	0	0	339	201	70	0
0	0	0	0	0	1142	105	27	0
0	0	0	0	0	924	303	123	49
0	0	0	0	0	755	690	66	0
855	0	484	0	0	18 298	7529	9009	5090
141	0	0	0	0	90 405	42 562	45 285	22 623
0	0	0	0	0	173	0	14	0
0	0	0	0	0	1479	0	1479	0
842	0	0	0	0	67 739	18 980	44 677	30 857
8	0	0	0	0	868	0	843	0
538	0	0	0	0	34 827	0	32 579	1941
678	0	0	0	0	34 133	2039	32 094	6043
0	0	1262	0	0	41 118	15 600	23 126	2929
0	0	0	0	0	11 897	0	11 897	3026
0	0	0	0	0	17 833	127	296	70
0	0	0	0	0	17 833	127	296	70
0	0	0	0	0	43 178	29 916	12 252	0
0	0	0	0	0	1881	0	1587	0
0	0	0	0	0	41 297	29 916	10 664	0
990	0	0	0	0	86 030	1592	82 699	139
990	0	0	0	0	86 030	1592	82 699	139

序号	指标	行号	科研基建
132	租赁和商务服务业	L	0
133	商务服务业	72	0
134	科学研究和技术服务业	M	141 294
135	研究和试验发展	73	134 618
136	专业技术服务业	74	5577
137	科技推广和应用服务业	75	1098
138	水利、环境和公共设施管理业	N	436
139	水利管理业	76	0
140	生态保护和环境治理业	77	436
141	公共设施管理业	78	0
142	教育	P	0
143	教育	83	0
144	卫生和社会工作	Q	221
145	卫生	84	221
146	文化、体育和娱乐业	R	0
147	文化艺术业	88	0
148	公共管理、社会保障和社会组织	S	262
149	国家机构	92	262
150	5. 按机构所属学科分布		
151	自然科学	A	44 792
152	信息科学与系统科学	120	321
153	物理学	140	4440
154	化学	150	237
155	地球科学	170	39 793
156	生物学	180	0
157	农业科学	B	9771
158	农学	210	5705
159	林学	220	365
160	畜牧、兽医科学	230	640
161	水产学	240	3062
162	医学科学	C	34 209
163	基础医学	310	0
164	临床医学	320	221

续表

按经费来源分					年末固定资产原价	#科研房屋建筑物	#科研仪器设备	
政府资金	企业资金	事业单位资金	国外资金	其他资金				#进口
0	0	0	0	0	116	0	71	0
0	0	0	0	0	116	0	71	0
135 506	4	4797	0	986	1 763 726	478 985	1 024 705	254 229
133 247	4	383	0	984	1 025 229	321 255	589 004	108 053
1350	0	4227	0	0	719 129	153 551	423 926	146 024
909	0	187	0	2	19 367	4179	11 775	151
0	0	436	0	0	43 700	2121	30 271	4016
0	0	0	0	0	5678	964	2919	714
0	0	436	0	0	31 408	1109	27 143	3197
0	0	0	0	0	6614	48	209	104
0	0	0	0	0	137	0	0	0
0	0	0	0	0	137	0	0	0
0	0	221	0	0	125 537	41 012	20 617	3030
0	0	221	0	0	125 537	41 012	20 617	3030
0	0	0	0	0	2664	201	912	0
0	0	0	0	0	2664	201	912	0
262	0	0	0	0	7133	0	38	0
262	0	0	0	0	7133	0	38	0
44 054	0	738	0	0	863 367	186 648	611 358	168 328
0	0	321	0	0	17 005	8	14 292	7115
4440	0	0	0	0	35 138	6222	26 326	4020
237	0	0	0	0	34 395	7184	26 574	17 390
39 376	0	417	0	0	750 540	172 389	518 924	135 193
0	0	0	0	0	26 288	844	25 242	4610
6128	0	2659	0	984	503 294	192 971	185 151	45 890
2062	0	2659	0	984	267 520	123 142	91 356	20 222
365	0	0	0	0	15 529	3409	2442	252
640	0	0	0	0	58 740	7454	7675	57
3062	0	0	0	0	161 506	58 966	83 679	25 359
33 988	1	221	0	0	342 469	157 773	114 380	53 496
0	0	0	0	0	20 439	8130	10 409	3109
0	0	221	0	0	90 297	24 002	12 491	2754

序号	指标	行号	科研基建
165	预防医学与公共卫生学	330	0
166	药学	350	33 988
167	中医学与中药学	360	0
168	工程与技术科学	D	67 804
169	工程与技术科学基础学科	410	2197
170	信息与系统科学相关工程与技术	413	1166
171	自然科学相关工程与技术	416	43 883
172	测绘科学技术	420	0
173	材料科学	430	1173
174	冶金工程技术	450	0
175	机械工程	460	748
176	动力与电气工程	470	0
177	能源科学技术	480	10 909
178	核科学技术	490	0
179	电子与通信技术	510	1262
180	计算机科学技术	520	1081
181	化学工程	530	10
182	产品应用相关工程与技术	535	370
183	纺织科学技术	540	0
184	食品科学技术	550	0
185	土木建筑工程	560	3800
186	水利工程	570	0
187	交通运输工程	580	0
188	航空、航天科学技术	590	538
189	环境科学技术及资源科学技术	610	436
190	安全科学技术	620	232
191	管理学	630	0
192	人文与社会科学	E	163
193	艺术学	760	0
194	考古学	780	0
195	经济学	790	0
196	社会学	840	0
197	图书馆、情报与文献学	870	163

按经费来源分					年末固定资产原价	#科研房屋建筑物	#科研仪器设备	#进口
政府资金	企业资金	事业单位资金	国外资金	其他资金				
0	0	0	0	0	24 624	8905	7646	1202
33 988	1	0	0	0	189 944	107 063	77 755	43 473
0	0	0	0	0	17 164	9673	6079	2958
60 925	4	6873	0	2	1 062 313	234 289	636 056	100 518
2191	4	0	0	2	131 234	29 316	62 834	10 160
1166	0	0	0	0	12 348	0	5041	0
43 252	0	631	0	0	97 580	15 757	54 854	7203
0	0	0	0	0	44 528	0	29 172	492
689	0	484	0	0	69 840	19 684	48 576	31 721
0	0	0	0	0	2668	0	1479	0
686	0	62	0	0	12 497	650	10 575	6043
0	0	0	0	0	4112	0	4032	0
10 909	0	0	0	0	84 002	35 219	43 349	4794
0	0	0	0	0	505	0	327	0
0	0	1262	0	0	68 453	19 443	45 839	2929
1081	0	0	0	0	85 319	1592	81 788	139
0	0	10	0	0	67 880	1406	56 608	2772
183	0	187	0	0	1955	0	1473	103
0	0	0	0	0	1969	1650	129	28
0	0	0	0	0	7169	1332	5371	2488
0	0	3800	0	0	32 465	4597	1529	0
0	0	0	0	0	5678	964	2919	714
0	0	0	0	0	43 178	29 916	12 252	0
538	0	0	0	0	32 964	0	30 716	1597
0	0	436	0	0	128 163	26 789	72 149	12 230
232	0	0	0	0	33 452	12 736	11 427	0
0	0	0	0	0	94 356	33 239	53 618	17 107
163	0	0	0	0	14 282	1889	2918	0
0	0	0	0	0	1092	698	394	0
0	0	0	0	0	2664	201	912	0
0	0	0	0	0	116	0	71	0
0	0	0	0	0	5802	877	288	0
163	0	0	0	0	4470	112	1253	0

序号	指标	行号	科研基建
198	教育学	880	0
199	6. 按机构从业人员规模分布		
200	≥ 1000 人	00	186
201	500 ~ 999 人	01	7385
202	300 ~ 499 人	02	36 377
203	200 ~ 299 人	03	4932
204	100 ~ 199 人	04	90 565
205	50 ~ 99 人	05	11 629
206	30 ~ 49 人	06	2736
207	20 ~ 29 人	07	1963
208	10 ~ 19 人	08	883
209	0 ~ 9 人	09	82

续表

按经费来源分					年末固定资产原价	#科研房屋建筑物	#科研仪器设备	
政府资金	企业资金	事业单位资金	国外资金	其他资金				#进口
0	0	0	0	0	137	0	0	0
186	0	0	0	0	126 090	58 455	35 975	7717
7385	0	0	0	0	723 121	166 554	506 351	141 336
36 056	0	321	0	0	448 360	128 732	221 909	54 178
1131	0	3800	0	0	319 308	124 070	159 220	50 559
84 381	0	5200	0	984	837 709	233 082	441 149	72 108
11 192	0	436	0	0	226 920	38 681	119 640	24 722
2731	4	0	0	0	58 756	15 630	35 587	12 230
1307	0	654	0	2	27 003	4001	19 775	2722
804	0	79	0	0	15 001	4086	8887	2650
82	0	0	0	0	3455	279	1371	10

表 8 科研

序号	指标	行号
1	总计	00
2	1.按机构所属地域分布	
3	山东省	370000
4	济南市	370100
5	历下区	370102
6	市中区	370103
7	槐荫区	370104
8	天桥区	370105
9	历城区	370112
10	济阳区	370115
11	平阴县	370124
12	济南高新技术产业开发区	370171
13	青岛市	370200
14	市辖区	370201
15	市南区	370202
16	市北区	370203
17	黄岛区	370211
18	崂山区	370212
19	李沧区	370213
20	城阳区	370214
21	即墨区	370215
22	青岛高新技术产业开发区	370271
23	莱西市	370285
24	淄博市	370300
25	市辖区	370301
26	张店区	370303
27	周村区	370306
28	枣庄市	370400
29	薛城区	370403
30	滕州市	370481
31	东营市	370500
32	市辖区	370501

仪器设备（2022 年）

科研仪器设备数量	#单台原值 ≥ 100 万元	科研仪器设备原值	#单台原值 ≥ 100 万元
台 / 套	台 / 套	万元	万元
217 758	2002	1 549 863	747 141
217 758	2002	1 549 863	747 141
72 016	723	532 226	234 855
24 982	216	198 187	90 352
1105	14	8327	4251
2394	42	26 425	9371
2615	24	15 312	4583
25 245	172	144 407	46 835
170	0	337	0
28	0	13	0
15 477	255	139 218	79 462
81 415	928	784 811	428 506
2087	0	3793	0
29 627	227	233 254	119 048
1112	26	16 408	8056
1798	17	43 210	26 443
24 114	333	254 454	136 915
3575	21	11 082	5167
3514	91	47 544	20 976
14 870	203	169 419	109 784
699	10	5267	2118
19	0	380	0
4114	79	36 260	15 592
2634	52	22 642	8647
1479	27	13 610	6945
1	0	9	0
120	0	92	0
113	0	59	0
7	0	33	0
1007	6	5681	637
631	6	5048	637

序号	指标	行号
33	东营区	370502
34	垦利区	370505
35	烟台市	370600
36	市辖区	370601
37	芝罘区	370602
38	福山区	370611
39	莱山区	370613
40	蓬莱区	370614
41	烟台高新技术产业开发区	370671
42	烟台经济技术开发区	370672
43	潍坊市	370700
44	市辖区	370701
45	潍城区	370702
46	寒亭区	370703
47	坊子区	370704
48	奎文区	370705
49	寿光市	370783
50	昌邑市	370786
51	济宁市	370800
52	市辖区	370801
53	任城区	370811
54	兖州区	370812
55	微山县	370826
56	济宁高新技术产业开发区	370871
57	邹城市	370883
58	泰安市	370900
59	泰山区	370902
60	岱岳区	370911
61	威海市	371000
62	市辖区	371001
63	环翠区	371002
64	文登区	371003
65	荣成市	371082

续表

科研仪器设备数量	#单台原值≥100万元	科研仪器设备原值	#单台原值≥100万元
台/套	台/套	万元	万元
316	0	282	0
60	0	352	0
36 792	120	82 223	33 919
831	6	5059	1384
1366	6	5145	943
24 475	32	19 435	9972
8741	24	23 980	6080
64	0	2072	0
1085	29	16 284	8996
230	23	10 249	6545
5816	34	19 596	5683
385	0	570	0
26	21	2305	2295
1872	8	6243	1616
2870	4	8160	1640
52	0	41	0
469	1	1931	133
142	0	347	0
4586	22	26 144	9312
657	0	1946	0
3605	3	12 459	920
55	8	7074	6089
20	1	124	103
40	0	309	0
209	10	4233	2200
2732	22	14 015	3835
2697	19	13 331	3373
35	3	684	462
1718	5	7671	617
614	5	3541	617
164	0	242	0
606	0	3420	0
186	0	292	0

序号	指标	行号
66	乳山市	371083
67	日照市	371100
68	市辖区	371101
69	东港区	371102
70	临沂市	371300
71	市辖区	371301
72	兰山区	371302
73	河东区	371312
74	莒南县	371327
75	德州市	371400
76	市辖区	371401
77	齐河县	371425
78	禹城市	371482
79	聊城市	371500
80	市辖区	371501
81	滨州市	371600
82	市辖区	371601
83	菏泽市	371700
84	市辖区	371701
85	牡丹区	371702
86	菏泽经济技术开发区	371771
87	2.按机构所属隶属关系分布	
88	中央部门属	010
89	中国科学院	011
90	非中央部门属	020
91	省级部门属	021
92	副省级城市属	022
93	地市级部门属	023
94	3.按机构从事的国民经济行业分布	
95	科学研究和技术服务业	M
96	研究和试验发展	73
97	专业技术服务业	74
98	科技推广和应用服务业	75

续表

科研仪器设备数量	#单台原值≥100万元	科研仪器设备原值	#单台原值≥100万元
台/套	台/套	万元	万元
148	0	175	0
2640	24	14 563	4062
2089	23	12 569	3892
551	1	1994	170
982	24	10 600	6544
378	0	1036	0
318	23	7914	5065
285	0	171	0
1	1	1479	1479
265	1	1068	350
142	0	195	0
8	1	360	350
115	0	513	0
1008	8	5967	2152
1008	8	5967	2152
635	1	1763	195
635	1	1763	195
1912	5	7183	884
1149	0	1037	0
212	0	574	0
551	5	5573	884
68 480	747	643 063	342 593
37 430	244	227 354	104 142
149 278	1255	906 801	404 549
75 805	752	540 102	240 482
17 384	200	132 769	68 608
42 926	216	129 052	47 075
217 758	2002	1 549 863	747 141
182 681	1400	1 218 541	586 405
29 253	534	291 499	139 770
5824	68	39 823	20 967

序号	指标	行号
99	4.按机构服务的国民经济行业分布	
100	农、林、牧、渔业	A
101	农业	01
102	林业	02
103	畜牧业	03
104	渔业	04
105	农、林、牧、渔专业及辅助性活动	05
106	制造业	C
107	农副食品加工业	13
108	食品制造业	14
109	纺织业	17
110	皮革、毛皮、羽毛及其制品和制鞋业	19
111	家具制造业	21
112	造纸和纸制品业	22
113	文教、工美、体育和娱乐用品制造业	24
114	化学原料和化学制品制造业	26
115	医药制造业	27
116	化学纤维制造业	28
117	黑色金属冶炼和压延加工业	31
118	专用设备制造业	35
119	汽车制造业	36
120	铁路、船舶、航空航天和其他运输设备制造业	37
121	计算机、通信和其他电子设备制造业	39
122	仪器仪表制造业	40
123	其他制造业	41
124	建筑业	E
125	房屋建筑业	47
126	交通运输、仓储和邮政业	G
127	铁路运输业	53
128	道路运输业	54
129	信息传输、软件和信息技术服务业	I
130	软件和信息技术服务业	65
131	租赁和商务服务业	L

续表

科研仪器设备数量	#单台原值≥100万元	科研仪器设备原值	#单台原值≥100万元
台/套	台/套	万元	万元
46 059	134	131 484	49 584
29 145	34	30 957	5124
312	0	2193	0
1862	0	4210	0
11 504	85	81 186	41 754
3236	15	12 939	2706
25 476	425	246 519	132 529
175	1	817	140
2928	81	44 296	19 231
102	0	119	0
29	0	70	0
15	0	27	0
124	0	123	0
42	0	66	0
1708	20	9009	3620
4930	86	45 285	18 507
9	0	14	0
1	1	1479	1479
4373	86	44 677	34 945
44	3	843	648
918	19	32 579	26 687
2048	72	32 094	15 210
6750	23	23 126	4811
1280	33	11 897	7252
213	0	296	0
213	0	296	0
1486	20	12 252	4730
22	3	1587	1150
1464	17	10 664	3580
8933	50	82 699	53 554
8933	50	82 699	53 554
29	0	71	0

序号	指标	行号
132	商务服务业	72
133	科学研究和技术服务业	M
134	研究和试验发展	73
135	专业技术服务业	74
136	科技推广和应用服务业	75
137	水利、环境和公共设施管理业	N
138	水利管理业	76
139	生态保护和环境治理业	77
140	公共设施管理业	78
141	卫生和社会工作	Q
142	卫生	84
143	文化、体育和娱乐业	R
144	文化艺术业	88
145	公共管理、社会保障和社会组织	S
146	国家机构	92
147	5.按机构所属学科分布	
148	自然科学	A
149	信息科学与系统科学	120
150	物理学	140
151	化学	150
152	地球科学	170
153	生物学	180
154	农业科学	B
155	农学	210
156	林学	220
157	畜牧、兽医科学	230
158	水产学	240
159	医学科学	C
160	基础医学	310
161	临床医学	320
162	预防医学与公共卫生学	330
163	药学	350
164	中医学与中药学	360

续表

科研仪器设备数量	#单台原值≥100万元	科研仪器设备原值	#单台原值≥100万元
台／套	台／套	万元	万元
29	0	71	0
128 215	1292	1 024 705	490 840
76 080	715	589 004	296 663
47 936	565	423 926	191 755
4199	12	11 775	2422
3941	49	30 271	8519
554	3	2919	523
3291	46	27 143	7996
96	0	209	0
2454	32	20 617	7385
2454	32	20 617	7385
908	0	912	0
908	0	912	0
44	0	38	0
44	0	38	0
52 729	769	611 358	351 551
2156	23	14 292	8274
3571	65	26 326	12 264
3061	48	26 574	9088
40 410	612	518 924	317 775
3531	21	25 242	4150
62 724	192	185 151	63 000
46 014	103	91 356	20 353
456	0	2442	0
3921	3	7675	757
12 333	86	83 679	41 890
12 360	197	114 380	45 308
1955	15	10 409	2953
808	23	12 491	5769
625	7	7646	1037
8479	144	77 755	33 845
493	8	6079	1704

序号	指标	行号
165	工程与技术科学	D
166	工程与技术科学基础学科	410
167	信息与系统科学相关工程与技术	413
168	自然科学相关工程与技术	416
169	测绘科学技术	420
170	材料科学	430
171	冶金工程技术	450
172	机械工程	460
173	动力与电气工程	470
174	能源科学技术	480
175	核科学技术	490
176	电子与通信技术	510
177	计算机科学技术	520
178	化学工程	530
179	产品应用相关工程与技术	535
180	纺织科学技术	540
181	食品科学技术	550
182	土木建筑工程	560
183	水利工程	570
184	交通运输工程	580
185	航空、航天科学技术	590
186	环境科学技术及资源科学技术	610
187	安全科学技术	620
188	管理学	630
189	人文与社会科学	E
190	艺术学	760
191	考古学	780
192	经济学	790
193	社会学	840
194	图书馆、情报与文献学	870
195	6. 按机构从业人员规模分布	
196	≥ 1000 人	00
197	500 ~ 999 人	01

续表

科研仪器设备数量	#单台原值 ≥ 100 万元	科研仪器设备原值	#单台原值 ≥ 100 万元
台 / 套	台 / 套	万元	万元
87 719	843	636 056	287 164
9684	74	62 834	16 895
1123	2	5041	374
3228	94	54 854	27 467
3529	43	29 172	14 167
4579	93	48 576	37 135
1	1	1479	1479
684	28	10 575	7323
1488	5	4032	1149
11 268	63	43 349	12 292
169	0	327	0
9029	51	45 839	11 391
9543	49	81 788	53 427
6153	103	56 608	22 062
807	1	1473	103
107	0	129	0
815	5	5371	1041
1487	0	1529	0
554	3	2919	523
1486	20	12 252	4730
473	17	30 716	26 443
12 826	110	72 149	24 038
3491	9	11 427	1103
5195	72	53 618	24 020
2226	1	2918	119
59	0	394	0
908	0	912	0
29	0	71	0
288	0	288	0
942	1	1253	119
8709	37	35 975	7188
53 091	581	506 351	272 093

序号	指标	行号
198	300～499人	02
199	200～299人	03
200	100～199人	04
201	50～99人	05
202	30～49人	06
203	20～29人	07
204	10～19人	08
205	0～9人	09

续表

科研仪器设备数量	#单台原值≥100万元	科研仪器设备原值	#单台原值≥100万元
台/套	台/套	万元	万元
19 717	308	221 909	136 159
50 175	218	159 220	65 399
55 927	608	441 149	193 500
19 460	146	119 640	52 370
4975	51	35 587	11 751
3843	38	19 775	6143
1695	14	8887	2190
166	1	1371	350

表 9　课题

序号	指标	行号	课题数合计	#R&D 课题
			个	个
1	总计	00	8217	6921
2	1. 按地域分布			
3	山东省	370000	8217	6921
4	济南市	370100	3102	2375
5	历下区	370102	1281	1029
6	市中区	370103	274	273
7	槐荫区	370104	107	107
8	天桥区	370105	160	131
9	历城区	370112	1021	632
10	济阳区	370115	23	21
11	平阴县	370124	2	1
12	济南高新技术产业开发区	370171	234	181
13	青岛市	370200	3708	3337
14	市辖区	370201	3	3
15	市南区	370202	1677	1528
16	市北区	370203	22	19
17	黄岛区	370211	45	44
18	崂山区	370212	1446	1259
19	李沧区	370213	86	76
20	城阳区	370214	113	110
21	即墨区	370215	220	210
22	青岛高新技术产业开发区	370271	96	88
23	淄博市	370300	47	44
24	市辖区	370301	22	21
25	张店区	370303	24	23
26	周村区	370306	1	0
27	枣庄市	370400	10	10
28	薛城区	370403	8	8
29	滕州市	370481	2	2
30	东营市	370500	19	18

概况（2022 年）

课题经费内部支出	# 政府资金	#R&D 课题经费	课题人员折合全时工作量	#R&D 课题人员折合全时工作量
万元	万元	万元	人年	人年
460 016	337 447	404 502	16 760.5	14 265.2
460 016	337 447	404 502	16 760.5	14 265.2
168 844	129 214	141 456	6909.6	5282.5
33 956	24 434	30 697	1834.3	1507.4
6304	5651	6304	376.3	368.3
3157	3157	3157	364.1	364.1
5711	740	3224	260.1	178.7
45 268	35 446	30 670	2442.4	1470
3348	1551	3289	126	116
12	12	10	11	9
71 088	58 224	64 106	1495.4	1269
221 071	145 341	201 380	5759.3	5342.5
2884	0	2884	80	80
62 529	47 167	58 617	1455.8	1381.3
931	893	314	140	128
5807	3718	5802	145	142
113 019	69 455	98 530	2312.1	2074.3
3903	3760	3645	244.3	216.8
7771	1792	7733	415.4	405.4
20 986	18 486	20 904	852.4	807.9
3242	71	2949	114.3	106.8
3167	2951	2882	265.4	248.1
1422	1382	1420	149	148
1646	1469	1462	114.4	100.1
100	100	0	2	0
1391	1391	1391	106	106
1219	1219	1219	57	57
172	172	172	49	49
346	250	316	95	91

序号	指标	行号	课题数合计	#R&D 课题
			个	个
31	市辖区	370501	5	5
32	东营区	370502	7	7
33	垦利区	370505	7	6
34	烟台市	370600	636	535
35	市辖区	370601	14	14
36	芝罘区	370602	37	30
37	福山区	370611	96	93
38	莱山区	370613	405	324
39	蓬莱区	370614	22	14
40	烟台高新技术产业开发区	370671	30	29
41	烟台经济技术开发区	370672	32	31
42	潍坊市	370700	97	89
43	市辖区	370701	28	28
44	潍城区	370702	7	5
45	坊子区	370704	50	45
46	寿光市	370783	10	9
47	昌邑市	370786	2	2
48	济宁市	370800	127	116
49	市辖区	370801	1	1
50	任城区	370811	108	99
51	兖州区	370812	13	11
52	微山县	370826	2	2
53	济宁高新技术产业开发区	370871	2	2
54	邹城市	370883	1	1
55	泰安市	370900	122	88
56	泰山区	370902	115	81
57	岱岳区	370911	7	7
58	威海市	371000	95	95
59	市辖区	371001	56	56
60	环翠区	371002	5	5
61	文登区	371003	34	34
62	日照市	371100	39	39

续表

课题经费内部支出	#政府资金	#R&D课题经费	课题人员折合全时工作量	#R&D课题人员折合全时工作量
万元	万元	万元	人年	人年
124	77	124	53	53
115	90	115	25	25
107	83	77	17	13
16 769	15 354	15 059	1038.8	937.9
590	290	590	40.9	40.9
798	698	548	116.9	98.3
2260	2260	2146	265	258
8662	7697	7622	453.5	393.7
1094	1094	824	25.5	12
2884	2837	2849	77	76
481	479	479	60	59
27 195	26 866	23 748	536	469
238	238	238	93	93
2499	2489	795	90	60
23 897	23 897	22 165	273	241
409	89	398	69	64
153	153	153	11	11
5635	3842	4703	455.9	410.2
30	0	30	4	4
3342	3302	2646	351.4	317.4
1743	76	1507	66.5	54.8
414	414	414	7	7
100	50	100	17	17
6	0	6	10	10
5085	4256	3708	542.5	417.5
4318	4256	2941	476.5	351.5
767	0	767	66	66
1804	794	1804	213.3	213.3
636	636	636	134	134
145	145	145	20.8	20.8
1024	14	1024	58.5	58.5
3231	2779	3231	158.7	158.7

序号	指标	行号	课题数合计	#R&D 课题
			个	个
63	市辖区	371101	5	5
64	东港区	371102	34	34
65	临沂市	371300	78	68
66	市辖区	371301	18	18
67	兰山区	371302	14	13
68	河东区	371312	39	30
69	莒南县	371327	7	7
70	德州市	371400	24	9
71	市辖区	371401	21	7
72	齐河县	371425	1	0
73	禹城市	371482	2	2
74	聊城市	371500	34	30
75	市辖区	371501	34	30
76	滨州市	371600	47	44
77	市辖区	371601	47	44
78	菏泽市	371700	32	24
79	市辖区	371701	8	3
80	牡丹区	371702	21	18
81	菏泽经济技术开发区	371771	3	3
82	2. 按隶属关系分布			
83	中央部门属	010	3519	3145
84	中国科学院	011	1927	1709
85	非中央部门属	020	4698	3776
86	省级部门属	021	3239	2488
87	副省级城市属	022	400	355
88	地市级部门属	023	644	586
89	3. 按课题来源分布			
90	国家科技项目	1	2189	2075
91	地方科技项目	2	2791	2398
92	企业委托科技项目	3	1322	823
93	自选科技项目	4	1037	978
94	国际合作科技项目	5	21	17

续表

课题经费内部支出	#政府资金	#R&D 课题经费	课题人员折合全时工作量	#R&D 课题人员折合全时工作量
万元	万元	万元	人年	人年
516	516	516	36	36
2715	2263	2715	122.7	122.7
1234	933	1170	193.6	177.1
765	765	765	108	108
287	3	283	19.4	17.4
141	124	82	54.1	39.6
41	41	41	12.1	12.1
1388	1375	930	81	45
580	567	167	62	29
45	45	0	3	0
763	763	763	16	16
815	278	801	126	116
815	278	801	126	116
1450	1274	1449	157.1	151.1
1450	1274	1449	157.1	151.1
589	550	473	122.3	99.3
177	177	102	66	48
360	321	319	45.1	40.1
52	52	52	11.2	11.2
184 936	126 124	165 372	4104.3	3877.5
70 620	57 946	65 716	2128.9	2047.9
275 080	211 322	239 129	12 656.2	10 387.7
122 401	105 356	99 959	6352.8	4834.5
77 075	58 591	76 210	2090.3	1914.9
28 820	23 231	26 018	2374.4	2181.1
126 141	111 592	121 399	4177.9	3888
107 476	94 970	96 108	5935.5	4869.6
46 862	2693	31 839	2014.2	1432
125 805	107 620	120 883	3037.9	2855.7
605	568	519	41.2	27.5

序号	指标	行号	课题数合计	#R&D 课题
			个	个
95	其他科技项目	6	857	630
96	4. 按课题活动类型分布			
97	基础研究	1	2210	2210
98	应用研究	2	2128	2128
99	试验发展	3	2583	2583
100	研究与试验发展成果应用	4	583	0
101	技术推广与科技服务	5	713	0
102	5. 按课题所属学科分布			
103	自然科学	A	2622	2218
104	信息科学与系统科学	120	28	25
105	物理学	140	145	134
106	化学	150	160	126
107	天文学	160	2	2
108	地球科学	170	2054	1724
109	生物学	180	233	207
110	农业科学	B	2265	1818
111	农学	210	1446	1109
112	林学	220	42	30
113	畜牧、兽医科学	230	205	146
114	水产学	240	572	533
115	医学科学	C	515	406
116	基础医学	310	123	123
117	临床医学	320	55	53
118	预防医学与公共卫生学	330	37	37
119	军事医学与特种医学	340	2	2
120	药学	350	220	132
121	中医学与中药学	360	78	59
122	工程与技术科学	D	2483	2168
123	工程与技术科学基础学科	410	140	93
124	信息与系统科学相关工程与技术	413	128	112
125	自然科学相关工程与技术	416	454	440
126	测绘科学技术	420	26	26

续表

课题经费内部支出	#政府资金	#R&D课题经费	课题人员折合 全时工作量	#R&D课题人员折合 全时工作量
万元	万元	万元	人年	人年
53 127	20 004	33 754	1553.8	1192.4
99 430	91 327	99 430	3522.2	3522.2
97 898	70 257	97 898	4388.8	4388.8
207 174	152 678	207 174	6354.2	6354.2
28 520	17 782	0	1391	0
26 995	5403	0	1104.3	0
182 743	138 160	161 402	4339.2	3966
708	405	657	110.3	90.5
23 005	19 325	22 281	834.2	813.7
3181	2590	3094	208.2	187.9
2	2	2	7	7
128 205	91 019	109 318	2642.6	2366.4
27 642	24 820	26 050	536.9	500.5
80 269	58 778	64 101	4410.2	3360.9
51 768	36 954	38 032	3206.8	2367.3
564	459	506	233.7	159.7
7231	7105	5615	301.5	227.1
20 706	14 259	19 948	668.2	606.8
23 905	14 960	17 399	1527	1332.3
4276	3757	4276	275.4	275.4
1651	1172	1491	223.4	216.9
1152	1099	1152	179.6	179.6
89	0	89	11	11
14 591	7771	9426	657.4	510.2
2147	1161	967	180.2	139.2
169 595	122 150	158 431	5973	5225.3
839	638	690	341.2	179.1
12 475	5133	9271	533.5	323.5
24 797	19 012	24 655	998.2	977.7
989	484	989	61.3	61.3

序号	指标	行号	课题数合计	#R&D 课题
			个	个
127	材料科学	430	300	272
128	矿山工程技术	440	4	4
129	冶金工程技术	450	4	4
130	机械工程	460	49	48
131	动力与电气工程	470	51	48
132	能源科学技术	480	162	154
133	核科学技术	490	22	21
134	电子与通信技术	510	53	47
135	计算机科学技术	520	246	237
136	化学工程	530	44	38
137	产品应用相关工程与技术	535	27	25
138	纺织科学技术	540	12	9
139	食品科学技术	550	116	75
140	土木建筑工程	560	4	3
141	水利工程	570	29	26
142	交通运输工程	580	130	110
143	航空、航天科学技术	590	28	27
144	环境科学技术及资源科学技术	610	353	258
145	安全科学技术	620	4	4
146	管理学	630	97	87
147	人文与社会科学	E	332	311
148	马克思主义	710	26	26
149	哲学	720	12	12
150	宗教学	730	11	11
151	文学	750	8	8
152	艺术学	760	6	6
153	历史学	770	7	7
154	考古学	780	11	11
155	经济学	790	118	117
156	政治学	810	15	15
157	法学	820	10	9
158	社会学	840	43	39

续表

课题经费内部支出	# 政府资金	#R&D 课题经费	课题人员折合全时工作量	#R&D 课题人员折合全时工作量
万元	万元	万元	人年	人年
7288	4761	7045	726	699.7
297	287	297	18.5	18.5
26	26	26	7.2	7.2
2236	456	2011	212.5	207.5
31 220	29 144	31 173	227.4	216.4
19 909	16 305	19 556	271.6	266.9
1404	1402	1384	56.2	54.2
21 754	13 748	20 031	287.7	251.5
12 333	10 961	11 983	718.3	686.3
4690	1277	2467	158.3	88.3
1084	925	1075	189.5	184.2
88	10	64	55.3	45.3
4205	3678	3785	237.1	193.8
107	100	62	17.1	14.1
577	392	491	62	54.2
6353	1218	6091	102	97.6
4174	3787	4169	100.6	97.6
12 004	7728	10 410	456.1	384
163	116	163	19	19
586	564	543	116.4	97.4
3504	3399	3169	511.1	380.7
126	126	126	17.8	17.8
59	59	59	8.6	8.6
83	83	83	8.1	8.1
39	39	39	5.6	5.6
33	33	33	21.5	21.5
23	23	23	6.9	6.9
154	154	154	44	44
816	816	798	116.7	110.7
87	87	87	9.6	9.6
62	48	49	8.9	8.1
993	993	904	84.3	57.8

序号	指标	行号	课题数合计	#R&D课题
			个	个
159	民族学与文化学	850	23	23
160	图书馆、情报与文献学	870	21	7
161	教育学	880	19	18
162	统计学	910	2	2
163	6.按课题技术领域分布			
164	非技术领域	0	1140	1043
165	信息技术	1	537	488
166	生物和现代农业技术	2	3018	2382
167	新材料技术	3	326	295
168	能源技术	4	510	502
169	激光技术	5	45	39
170	先进制造与自动化技术	6	240	227
171	航天技术	7	30	29
172	资源与环境技术	8	1647	1313
173	其他技术领域	9	724	603
174	7.按课题的社会经济目标分布			
175	环境保护、生态建设及污染防治	01	756	598
176	环境一般问题	0101	136	122
177	环境与资源评估	0102	173	127
178	环境监测	0103	192	141
179	生态建设	0104	83	62
180	环境污染预防	0105	66	58
181	环境治理	0106	86	73
182	自然灾害的预防、预报	0107	20	15
183	能源生产、分配和合理利用	02	604	549
184	能源一般问题研究	0201	28	23
185	能源矿产的勘探技术	0202	14	14
186	能源矿物的开采和加工技术	0203	7	6
187	能源转换技术	0204	38	38
188	能源输送、储存与分配技术	0205	13	11
189	可再生能源	0206	440	414
190	能源设施和设备建造	0207	13	5

课题经费内部支出	# 政府资金	#R&D 课题经费	课题人员折合全时工作量	#R&D 课题人员折合全时工作量
万元	万元	万元	人年	人年
120	120	120	16.6	16.6
814	798	602	123	29.9
4	0	0	24	20
91	20	91	15.5	15.5
29 899	27 244	27 292	1167.1	1021.4
31 397	17 968	29 008	1547.4	1344.2
124 573	94 502	105 055	5622.2	4428.8
7257	5757	6927	693.2	669.9
64 457	57 952	64 199	1079.4	1066
18 088	17 970	15 948	744.2	700.2
9949	7205	9572	560.9	536.5
5917	3736	5912	167.5	164.5
116 967	75 873	98 649	2639.7	2310.4
51 512	29 239	41 942	2538.9	2023.3
30 578	18 557	26 428	1142.4	983.6
3875	3550	3686	170.9	161.2
9068	4362	7949	244	207.4
5346	3209	4210	246.3	204.9
5116	3108	3956	139.4	104.8
4619	2134	4260	151.2	131.8
2229	1907	2098	100.5	91.4
325	288	269	90.1	82.1
67 180	58 434	64 659	1269.6	1204.9
1132	512	1006	56.3	54.7
628	49	628	23	23
579	540	579	28.7	21.7
29 407	29 396	29 407	137.7	137.7
503	381	481	22.7	22.2
32 913	26 288	30 914	753.8	728.6
174	119	143	31.6	13.6

序号	指标	行号	课题数合计	#R&D 课题
			个	个
191	能源安全生产管理和技术	0208	4	4
192	节约能源的技术	0209	41	32
193	能源生产、输送、分配、储存、利用过程中污染的防治与处理	0210	6	2
194	卫生事业发展	03	455	403
195	卫生一般问题	0301	7	7
196	诊断与治疗	0302	237	207
197	预防医学	0303	16	14
198	公共卫生	0304	28	26
199	营养和食品卫生	0305	20	14
200	药物滥用和成瘾	0306	2	2
201	社会医疗	0307	7	7
202	卫生医疗其他研究	0399	138	126
203	教育事业发展	04	22	20
204	教育一般问题	0401	20	19
205	非学历教育与培训	0403	1	0
206	其他教育	0499	1	1
207	基础设施以及城市和农村规划	05	183	153
208	交通运输	0501	130	109
209	通信	0502	20	19
210	广播与电视	0503	1	0
211	城市规划与市政工程	0504	15	15
212	农村发展规划与建设	0505	7	2
213	交通运输、通信、城市与农村发展对环境的影响	0506	10	8
214	基础社会发展和社会服务	06	427	380
215	社会发展和社会服务一般问题	0601	41	33
216	社会保障	0602	1	0
217	公共安全	0603	54	49
218	社会管理	0604	7	6
219	政府与政治	0607	4	2
220	遗产保护	0609	12	11
221	文艺、娱乐	0611	4	4

课题经费内部支出	#政府资金	#R&D 课题经费	课题人员折合全时工作量	#R&D 课题人员折合全时工作量
万元	万元	万元	人年	人年
4	4	4	1.6	1.6
1762	1146	1476	209.5	198.4
79	0	22	4.7	3.4
24 830	15 687	17 609	1484.1	1314.2
197	192	197	11.3	11.3
19 054	10 838	12 076	880.8	738.5
507	117	501	58.8	58
1591	1589	1590	167.4	166.7
494	460	338	21.7	14.7
121	121	121	5.1	5.1
240	202	240	14.9	14.9
2625	2168	2546	324.1	305
20	14	11	38.4	27.4
8	5	3	33	26
4	0	0	4	0
9	9	9	1.4	1.4
13 994	6425	11 391	434.2	305
6904	1470	6585	115.8	105.8
5703	4083	4132	217	117
10	10	0	3	0
539	205	539	77.1	77.1
622	621	42	18.2	2.2
216	36	93	3.1	2.9
27 050	18 896	24 576	1412.7	1155.7
2402	1186	2205	183.6	140.6
1258	1258	0	50	0
1291	1104	1251	136	110
615	615	615	15.3	14.5
18	17	16	16.5	2.5
156	154	154	44.2	44
27	27	27	19	19

序号	指标	行号	课题数合计	#R&D 课题
			个	个
222	传媒	0613	1	1
223	科技发展	0614	215	190
224	国土资源管理	0615	5	5
225	其他社会发展和社会服务	0699	83	79
226	地球和大气层的探索与利用	07	1756	1521
227	地壳、地幔，海底的探测和研究	0701	151	141
228	水文地理	0702	23	18
229	海洋	0703	1550	1333
230	大气	0704	24	21
231	地球探测和开发其他研究	0799	8	8
232	民用空间探测及开发	08	12	11
233	空间探测一般研究	0801	5	4
234	卫星服务	0804	6	6
235	空间探测和开发其他研究	0899	1	1
236	农林牧渔业发展	09	2481	1986
237	农林牧渔业发展一般问题	0901	188	118
238	农作物种植及培育	0902	1165	963
239	林业和林产品	0903	18	13
240	畜牧业	0904	201	138
241	渔业	0905	482	442
242	农林牧渔业体系支撑	0906	385	294
243	农林牧渔业生产中污染的防治与处理	0907	42	18
244	工商业发展	10	945	733
245	促进工商业发展的一般问题	1001	17	14
246	产业共性技术	1002	109	103
247	食品、饮料和烟草制品业	1004	68	49
248	纺织业、服装及皮革制品业	1005	8	5
249	化学工业	1006	172	75
250	非金属与金属制品业	1007	69	59
251	机械制造业（不包括电子设备、仪器仪表及办公机械）	1008	63	62
252	电子设备、仪器仪表及办公机械	1009	37	37
253	其他制造业	1010	21	18

续表

课题经费内部支出	# 政府资金	#R&D 课题经费	课题人员折合全时工作量	#R&D 课题人员折合全时工作量
万元	万元	万元	人年	人年
8	8	8	0.9	0.9
16 012	11 325	15 045	694	582
169	74	169	10.5	10.5
5094	3129	5086	242.7	231.7
112 246	85 219	97 536	2359.3	2166.9
11 702	10 970	11 296	310	288.4
919	281	764	48.1	39.1
98 786	73 642	84 694	1896.8	1741.7
336	282	279	29.4	22.7
503	45	503	75	75
623	161	620	25.1	25
451	12	449	17.8	17.7
149	149	149	4.8	4.8
23	0	23	2.5	2.5
109 133	84 018	91 008	4909.4	3772.2
5424	5038	3937	387	265.9
55 575	45 298	48 111	2625.9	2097.2
400	315	382	133.7	95.5
6517	6382	4698	286.9	208.1
18 658	12 623	17 931	520.9	464.4
20 512	13 387	15 480	853.8	593.9
2047	976	470	101.2	47.2
41 433	31 184	37 858	2413.2	2069.2
689	641	678	20.7	15.8
9391	5878	7655	422.4	377.1
2527	1933	2433	156.1	140.6
55	12	31	26.9	16.9
1460	777	1131	135.4	81.6
925	304	881	60.2	56.5
16 136	15 533	15 911	702.9	697.9
633	502	633	45.5	45.5
248	54	236	44.8	36.6

序号	指标	行号	课题数合计	#R&D 课题
			个	个
254	建筑业	1012	2	2
255	信息与通信技术（ICT）服务业	1013	69	63
256	技术服务业	1014	289	229
257	金融业	1015	1	1
258	房地产业	1016	1	1
259	商业及其他服务业	1017	9	8
260	工商业活动中的环境保护、污染防治与处理	1018	10	7
261	非定向研究	11	468	468
262	自然科学的非定向研究	1101	109	109
263	工程与技术科学领域的非定向研究	1102	36	36
264	农业科学的非定向研究	1103	6	6
265	医学科学的非定向研究	1104	29	29
266	社会科学领域的非定向研究	1105	288	288
267	其他民用目标	12	68	60
268	国防	13	40	39
269	8.按课题合作形式分布			
270	独立完成	1	6512	5465
271	与境内独立研究机构合作	2	544	448
272	与境内高等学校合作	3	309	277
273	与境内注册其他企业合作	4	614	524
274	与境外机构合作	5	61	55
275	其他	6	177	152
276	9.按课题服务的国民经济行业分布			
277	农、林、牧、渔业	A	2341	1890
278	农业	01	1394	1087
279	林业	02	26	19
280	畜牧业	03	157	107
281	渔业	04	532	486
282	农、林、牧、渔专业及辅助性活动	05	232	191
283	采矿业	B	15	13
284	煤炭开采和洗选业	06	1	0
285	石油和天然气开采业	07	2	2

续表

课题经费内部支出	# 政府资金	#R&D 课题经费	课题人员折合全时工作量	#R&D 课题人员折合全时工作量
万元	万元	万元	人年	人年
29	0	29	2.1	2.1
2943	1288	2694	144.6	129.6
5833	3815	4989	617.5	436.9
1	1	1	0.5	0.5
66	0	66	5	5
335	298	334	23.5	22.5
163	148	157	5.1	4.1
8992	8401	8992	702	702
5592	5536	5592	311.1	311.1
1618	1084	1618	116.2	116.2
19	19	19	4.6	4.6
243	242	243	64.5	64.5
1519	1519	1519	205.6	205.6
6167	2152	6047	295.1	267.1
17 771	8299	17 766	275	272
367 717	279 566	325 745	12 148.7	10 387.8
31 480	20 219	27 593	1532.5	1254.7
17 879	9981	15 898	991.3	889.4
30 989	16 506	23 757	1523.7	1219.5
3099	2980	2993	139.2	124.2
8852	8196	8516	425.1	389.6
100 870	78 102	85 290	4457.2	3447.3
68 798	53 293	56 287	3171.5	2412.8
367	287	331	152.5	119
5042	4916	3640	224.2	157
20 312	14 732	19 517	533.7	480.6
6351	4874	5516	375.3	277.9
574	456	566	58.5	55.4
6	6	0	3	0
11	9	11	2.4	2.4

序号	指标	行号	课题数合计	#R&D 课题
			个	个
286	黑色金属矿采选业	08	3	3
287	有色金属矿采选业	09	5	5
288	非金属矿采选业	10	1	1
289	开采专业及辅助性活动	11	3	2
290	制造业	C	1009	768
291	农副食品加工业	13	123	81
292	食品制造业	14	27	17
293	酒、饮料和精制茶制造业	15	20	17
294	纺织业	17	12	12
295	纺织服装、服饰业	18	4	4
296	造纸和纸制品业	22	1	1
297	石油、煤炭及其他燃料加工业	25	17	17
298	化学原料和化学制品制造业	26	73	54
299	医药制造业	27	285	165
300	化学纤维制造业	28	5	4
301	橡胶和塑料制品业	29	5	5
302	非金属矿物制品业	30	17	16
303	黑色金属冶炼和压延加工业	31	7	7
304	有色金属冶炼和压延加工业	32	9	7
305	金属制品业	33	19	14
306	通用设备制造业	34	40	36
307	专用设备制造业	35	84	76
308	汽车制造业	36	30	23
309	铁路、船舶、航空航天和其他运输设备制造业	37	49	47
310	电气机械和器材制造业	38	42	39
311	计算机、通信和其他电子设备制造业	39	57	50
312	仪器仪表制造业	40	66	63
313	其他制造业	41	12	9
314	废弃资源综合利用业	42	4	3
315	金属制品、机械和设备修理业	43	1	1
316	电力、热力、燃气及水生产和供应业	D	52	35
317	电力、热力生产和供应业	44	37	21

课题经费内部支出	# 政府资金	#R&D 课题经费	课题人员折合全时工作量	#R&D 课题人员折合全时工作量
万元	万元	万元	人年	人年
92	92	92	6.7	6.7
341	285	341	29.3	29.3
3	3	3	1	1
121	60	118	16.1	16
84 244	53 657	69 579	3422.2	2844.7
3208	2743	2692	169.7	133.6
1801	1274	1231	64.9	48.1
489	287	484	37.2	36
132	70	132	31.7	31.7
74	56	74	19.8	19.8
70	0	70	6	6
701	676	701	42.6	42.6
4808	1213	2478	232.8	156.7
16 001	8162	10 586	713	538.6
33	29	33	21.2	20.9
197	185	197	11.5	11.5
670	348	670	38.8	31.8
36	36	36	11.8	11.8
96	96	61	13.2	11.9
15 041	14 517	15 005	556.2	553.9
1128	253	1017	164.4	154.8
4142	3978	3822	136.8	122.5
1520	807	1233	89.8	72.8
6460	4035	6451	216.8	212.8
1682	1410	1651	67.7	62.2
14 560	7181	12 785	377.3	330.5
4364	4286	3971	176.1	166.1
6910	1896	4081	214.1	59.6
113	113	113	6.8	6.5
6	6	6	2	2
3231	947	1951	77.9	59
2255	110	1036	49.3	33.4

序号	指标	行号	课题数合计	#R&D 课题
			个	个
318	燃气生产和供应业	45	5	5
319	水的生产和供应业	46	10	9
320	建筑业	E	8	7
321	房屋建筑业	47	4	4
322	土木工程建筑业	48	4	3
323	交通运输、仓储和邮政业	G	123	105
324	铁路运输业	53	10	10
325	道路运输业	54	111	93
326	水上运输业	55	1	1
327	管道运输业	57	1	1
328	信息传输、软件和信息技术服务业	I	222	208
329	电信、广播电视和卫星传输服务	63	1	0
330	互联网和相关服务	64	26	24
331	软件和信息技术服务业	65	195	184
332	金融业	J	2	2
333	货币金融服务	66	1	1
334	资本市场服务	67	1	1
335	房地产业	K	1	1
336	房地产业	70	1	1
337	租赁和商务服务业	L	7	3
338	商务服务业	72	7	3
339	科学研究和技术服务业	M	3837	3379
340	研究和试验发展	73	2249	2249
341	专业技术服务业	74	1497	1099
342	科技推广和应用服务业	75	91	31
343	水利、环境和公共设施管理业	N	388	315
344	水利管理业	76	16	14
345	生态保护和环境治理业	77	371	300
346	公共设施管理业	78	1	1
347	居民服务、修理和其他服务业	O	1	0
348	居民服务业	80	1	0
349	教育	P	24	23

续表

课题经费内部支出	# 政府资金	#R&D 课题经费	课题人员折合全时工作量	#R&D 课题人员折合全时工作量
万元	万元	万元	人年	人年
703	696	703	11.5	11.5
272	141	212	17.1	14.1
390	100	345	36	33
304	55	304	23.7	23.7
86	45	41	12.3	9.3
5590	1089	5339	76.3	72.1
4325	984	4325	35	35
1243	82	991	32.3	28.1
10	10	10	7	7
12	12	12	2	2
13 548	10 884	13 231	615.9	552.8
10	10	0	3	0
2072	1160	2067	67.8	53.8
11 466	9714	11 164	545.1	499
10	10	10	1.1	1.1
2	2	2	0.2	0.2
8	8	8	0.9	0.9
106	0	106	4.9	4.9
106	0	106	4.9	4.9
482	171	225	17	7
482	171	225	17	7
230 127	176 788	209 486	6801	6120.5
161 729	139 436	161 729	3872.3	3872.3
66 207	35 593	46 104	2515.6	2041.2
2191	1759	1653	413.1	207
14 908	10 017	12 624	582.8	507.5
108	33	81	22.1	20.3
14 678	9861	12 420	555.7	482.2
123	123	123	5	5
3	3	0	15	0
3	3	0	15	0
209	204	170	35.4	34.4

序号	指标	行号	课题数合计	#R&D课题
			个	个
350	教育	83	24	23
351	卫生和社会工作	Q	142	138
352	卫生	84	142	138
353	文化、体育和娱乐业	R	22	16
354	文化艺术业	88	18	15
355	体育	89	3	0
356	娱乐业	90	1	1
357	公共管理、社会保障和社会组织	S	23	18
358	国家机构	92	19	17
359	社会保障	94	1	0
360	群众团体、社会团体和其他成员组织	95	3	1

续表

课题经费内部支出	# 政府资金	#R&D 课题经费	课题人员折合全时工作量	#R&D 课题人员折合全时工作量
万元	万元	万元	人年	人年
209	204	170	35.4	34.4
3184	3128	3175	415.9	410.9
3184	3128	3175	415.9	410.9
274	271	183	78.6	65
265	262	181	70.6	63
8	8	0	6	0
2	2	2	2	2
2267	1619	2223	64.8	49.6
2200	1564	2190	52	46.6
13	0	0	0.8	0
55	55	33	12	3

表 10　课题经费内部支出

序号	指标	行号
1	总计	00
2	1.按机构所属地域分布	
3	山东省	370000
4	济南市	370100
5	历下区	370102
6	市中区	370103
7	槐荫区	370104
8	天桥区	370105
9	历城区	370112
10	济阳区	370115
11	平阴县	370124
12	济南高新技术产业开发区	370171
13	青岛市	370200
14	市辖区	370201
15	市南区	370202
16	市北区	370203
17	黄岛区	370211
18	崂山区	370212
19	李沧区	370213
20	城阳区	370214
21	即墨区	370215
22	青岛高新技术产业开发区	370271
23	淄博市	370300
24	市辖区	370301
25	张店区	370303
26	周村区	370306
27	枣庄市	370400
28	薛城区	370403
29	滕州市	370481
30	东营市	370500
31	市辖区	370501
32	东营区	370502
33	垦利区	370505

按活动类型分（2022 年）

计量单位：万元

课题经费内部支出	基础研究	应用研究	试验发展	R&D 成果应用	科技服务
460 016	99 430	97 898	207 174	28 520	26 995
460 016	99 431	97 898	207 174	28 520	26 995
168 844	15 196	24 910	101 350	17 696	9692
33 956	4655	6716	19 327	1567	1691
6304	445	5805	54	0	0
3157	577	1738	842	0	0
5711	522	524	2177	128	2360
45 268	6930	4268	19 471	9872	4726
3348	0	20	3269	59	0
12	0	0	10	0	2
71 088	2067	5839	56 200	6069	913
221 071	62 591	58 608	80 181	5670	14 022
2884	0	2295	589	0	0
62 529	23 765	12 902	21 950	646	3267
931	0	259	55	617	0
5807	1552	0	4250	0	5
113 019	23 390	38 804	36 336	3916	10 573
3903	195	387	3064	142	115
7771	248	854	6630	38	0
20 986	13 267	1578	6060	25	57
3242	174	1529	1246	288	5
3167	179	547	2156	102	183
1422	179	104	1137	2	0
1646	0	443	1019	0	183
100	0	0	0	100	0
1391	0	0	1391	0	0
1219	0	0	1219	0	0
172	0	0	172	0	0
346	141	114	61	30	0
124	79	0	45	0	0
115	25	90	0	0	0
107	37	24	16	30	0

序号	指标	行号
34	烟台市	370600
35	市辖区	370601
36	芝罘区	370602
37	福山区	370611
38	莱山区	370613
39	蓬莱区	370614
40	烟台高新技术产业开发区	370671
41	烟台经济技术开发区	370672
42	潍坊市	370700
43	市辖区	370701
44	潍城区	370702
45	坊子区	370704
46	寿光市	370783
47	昌邑市	370786
48	济宁市	370800
49	市辖区	370801
50	任城区	370811
51	兖州区	370812
52	微山县	370826
53	济宁高新技术产业开发区	370871
54	邹城市	370883
55	泰安市	370900
56	泰山区	370902
57	岱岳区	370911
58	威海市	371000
59	市辖区	371001
60	环翠区	371002
61	文登区	371003
62	日照市	371100
63	市辖区	371101
64	东港区	371102
65	临沂市	371300
66	市辖区	371301
67	兰山区	371302

课题经费内部支出	基础研究	应用研究	试验发展	R&D 成果应用	科技服务
16 769	4271	2762	8026	673	1038
590	290	301	0	0	0
798	2	307	239	183	67
2260	77	801	1268	114	0
8662	3687	940	2994	337	704
1094	202	81	542	5	265
2884	7	287	2555	35	0
481	6	45	428	0	1
27 195	14 370	6359	3020	2571	877
238	0	22	216	0	0
2499	0	10	785	1704	0
23 897	14 370	6125	1670	867	865
409	0	49	349	0	11
153	0	153	0	0	0
5635	1079	1319	2306	664	268
30	0	30	0	0	0
3342	832	240	1574	664	32
1743	241	1049	218	0	236
414	0	0	414	0	0
100	0	0	100	0	0
6	6	0	0	0	0
5085	194	213	3301	633	744
4318	194	213	2534	633	744
767	0	0	767	0	0
1804	240	669	895	0	0
636	66	76	494	0	0
145	0	0	145	0	0
1024	174	593	257	0	0
3231	195	765	2271	0	0
516	0	412	104	0	0
2715	195	353	2167	0	0
1234	132	186	852	6	58
765	0	0	765	0	0
287	116	164	3	0	5

序号	指标	行号
68	河东区	371312
69	莒南县	371327
70	德州市	371400
71	市辖区	371401
72	齐河县	371425
73	禹城市	371482
74	聊城市	371500
75	市辖区	371501
76	滨州市	371600
77	市辖区	371601
78	菏泽市	371700
79	市辖区	371701
80	牡丹区	371702
81	菏泽经济技术开发区	371771
82	2. 按机构所属隶属关系分布	
83	中央部门属	010
84	中国科学院	011
85	非中央部门属	020
86	省级部门属	021
87	副省级城市属	022
88	地市级部门属	023
89	3. 按课题来源分布	
90	国家科技项目	1
91	地方科技项目	2
92	企业委托科技项目	3
93	自选科技项目	4
94	国际合作科技项目	5
95	其他科技项目	6
96	4. 按课题所属学科分布	
97	自然科学	A
98	信息科学与系统科学	120
99	物理学	140
100	化学	150
101	天文学	160

续表

课题经费内部支出	基础研究	应用研究	试验发展	R&D 成果应用	科技服务
141	17	22	44	6	53
41	0	0	41	0	0
1388	113	707	110	428	30
580	0	57	110	383	30
45	0	0	0	45	0
763	113	650	0	0	0
815	30	507	264	6	8
815	30	507	264	6	8
1450	380	181	889	0	0
1450	380	181	889	0	0
589	319	52	102	41	75
177	0	0	102	0	75
360	319	0	0	41	0
52	0	52	0	0	0
184 936	62 657	49 880	52 836	5232	14 332
70 620	23 026	23 761	18 929	971	3933
275 080	36 774	48 018	154 338	23 288	12 663
122 401	30 001	25 704	44 254	13 181	9261
77 075	1981	8487	65 743	649	216
28 820	1517	3152	21 349	2339	464
126 141	49 117	29 096	43 186	3439	1303
107 476	22 149	24 824	49 136	9698	1670
46 862	2195	8409	21 234	4909	10 115
125 805	23 321	21 653	75 909	3724	1199
605	134	20	366	75	11
53 127	2515	13 896	17 344	6676	12 697
182 743	77 694	40 976	42 733	6844	14 497
708	205	221	232	1	51
23 005	3686	1193	17 402	724	0
3181	657	1234	1203	0	87
2	2	0	0	0	0

序号	指标	行号
102	地球科学	170
103	生物学	180
104	农业科学	B
105	农学	210
106	林学	220
107	畜牧、兽医科学	230
108	水产学	240
109	医学科学	C
110	基础医学	310
111	临床医学	320
112	预防医学与公共卫生学	330
113	军事医学与特种医学	340
114	药学	350
115	中医学与中药学	360
116	工程与技术科学	D
117	工程与技术科学基础学科	410
118	信息与系统科学相关工程与技术	413
119	自然科学相关工程与技术	416
120	测绘科学技术	420
121	材料科学	430
122	矿山工程技术	440
123	冶金工程技术	450
124	机械工程	460
125	动力与电气工程	470
126	能源科学技术	480
127	核科学技术	490
128	电子与通信技术	510
129	计算机科学技术	520
130	化学工程	530
131	产品应用相关工程与技术	535
132	纺织科学技术	540
133	食品科学技术	550
134	土木建筑工程	560
135	水利工程	570

课题经费内部支出	基础研究	应用研究	试验发展	R&D 成果应用	科技服务
128 205	55 593	31 350	22 375	4989	13 898
27 642	17 551	6978	1521	1131	462
80 269	8057	12 236	43 808	10 959	5209
51 768	2251	8731	27 050	9260	4476
564	20	154	333	48	9
7231	1697	1244	2674	1233	384
20 706	4089	2108	13 751	419	340
23 905	4879	3895	8626	5451	1055
4276	2239	1207	831	0	0
1651	905	373	213	160	0
1152	234	854	64	0	0
89	0	89	0	0	0
14 591	1266	1018	7142	4156	1009
2147	236	355	376	1134	46
169 595	8182	39 058	111 190	5200	5965
839	58	558	74	64	84
12 475	853	2636	5783	1369	1834
24 797	397	10 370	13 889	7	134
989	366	301	322	0	0
7288	909	1986	4150	184	59
297	10	287	0	0	0
26	0	0	26	0	0
2236	434	1049	529	225	0
31 220	159	73	30 941	40	7
19 909	224	5606	13 726	119	234
1404	24	20	1341	20	0
21 754	30	442	19 559	1723	0
12 333	1397	6609	3976	350	0
4690	142	761	1565	0	2223
1084	30	732	313	0	9
88	0	27	37	6	18
4205	109	1029	2648	267	153
107	0	6	56	45	0
577	12	363	116	81	4

序号	指标	行号
136	交通运输工程	580
137	航空、航天科学技术	590
138	环境科学技术及资源科学技术	610
139	安全科学技术	620
140	管理学	630
141	人文与社会科学	E
142	马克思主义	710
143	哲学	720
144	宗教学	730
145	文学	750
146	艺术学	760
147	历史学	770
148	考古学	780
149	经济学	790
150	政治学	810
151	法学	820
152	社会学	840
153	民族学与文化学	850
154	图书馆、情报与文献学	870
155	教育学	880
156	统计学	910
157	5.按课题技术领域分布	
158	非技术领域	0
159	信息技术	1
160	生物和现代农业技术	2
161	新材料技术	3
162	能源技术	4
163	激光技术	5
164	先进制造与自动化技术	6
165	航天技术	7
166	资源与环境技术	8
167	其他技术领域	9
168	6.按课题的社会经济目标分布	
169	环境保护、生态建设及污染防治	01

续表

课题经费内部支出	基础研究	应用研究	试验发展	R&D 成果应用	科技服务
6353	589	586	4916	125	137
4174	0	0	4169	0	5
12 004	2330	5041	3040	575	1019
163	0	146	17	0	0
586	109	433	0	0	44
3504	618	1733	817	66	269
126	93	33	0	0	0
59	59	0	0	0	0
83	62	21	0	0	0
39	34	5	0	0	0
33	33	0	0	0	0
23	22	1	0	0	0
154	154	0	0	0	0
816	27	769	2	0	18
87	20	67	0	0	0
62	28	21	0	0	13
993	4	709	191	0	89
120	77	43	0	0	0
814	5	34	563	66	146
4	0	0	0	0	4
91	0	30	61	0	0
29 899	19 703	4656	2933	178	2429
31 397	3613	12 570	12 825	1962	427
124 573	28 057	25 523	51 475	12 212	7306
7257	1730	1348	3849	229	101
64 457	532	15 146	48 522	101	158
18 088	191	268	15 489	2140	0
9949	800	1823	6949	299	78
5917	0	0	5912	0	5
116 967	40 343	30 813	27 492	5100	13 218
51 512	4462	5751	31 728	6299	3271
30 578	7318	11 075	8035	1230	2921

序号	指标	行号
170	环境一般问题	0101
171	环境与资源评估	0102
172	环境监测	0103
173	生态建设	0104
174	环境污染预防	0105
175	环境治理	0106
176	自然灾害的预防、预报	0107
177	能源生产、分配和合理利用	02
178	能源一般问题研究	0201
179	能源矿产的勘探技术	0202
180	能源矿物的开采和加工技术	0203
181	能源转换技术	0204
182	能源输送、储存与分配技术	0205
183	可再生能源	0206
184	能源设施和设备建造	0207
185	能源安全生产管理和技术	0208
186	节约能源的技术	0209
187	能源生产、输送、分配、储存、利用过程中污染的防治与处理	0210
188	卫生事业发展	03
189	卫生一般问题	0301
190	诊断与治疗	0302
191	预防医学	0303
192	公共卫生	0304
193	营养和食品卫生	0305
194	药物滥用和成瘾	0306
195	社会医疗	0307
196	卫生医疗其他研究	0399
197	教育事业发展	04
198	教育一般问题	0401
199	非学历教育与培训	0403
200	其他教育	0499
201	基础设施以及城市和农村规划	05
202	交通运输	0501

课题经费内部支出	基础研究	应用研究	试验发展	R&D 成果应用	科技服务
3875	1913	1113	660	31	158
9068	2371	3214	2363	151	968
5346	983	1218	2010	481	655
5116	1584	930	1442	214	947
4619	136	3121	1003	261	98
2229	228	1445	425	69	62
325	103	34	132	23	33
67 180	710	14 512	49 437	419	2102
1132	26	693	288	0	126
628	192	90	346	0	0
579	79	0	500	0	0
29 407	48	190	29 169	0	0
503	8	193	280	22	0
32 913	251	12 789	17 874	193	1806
174	0	8	135	19	13
4	0	2	2	0	0
1762	103	549	825	155	131
79	3	0	19	30	27
24 830	4657	4214	8738	6290	931
197	5	192	0	0	0
19 054	1644	2257	8175	6164	814
507	418	73	10	0	6
1591	587	931	73	0	2
494	50	162	125	81	75
121	20	101	0	0	0
240	45	0	195	0	0
2625	1888	498	161	45	34
20	0	11	0	0	9
8	0	3	0	0	5
4	0	0	0	0	4
9	0	9	0	0	0
13 994	649	5123	5620	197	2406
6904	473	929	5183	197	122

序号	指标	行号
203	通信	0502
204	广播与电视	0503
205	城市规划与市政工程	0504
206	农村发展规划与建设	0505
207	交通运输、通信、城市与农村发展对环境的影响	0506
208	基础社会发展和社会服务	06
209	社会发展和社会服务一般问题	0601
210	社会保障	0602
211	公共安全	0603
212	社会管理	0604
213	政府与政治	0607
214	遗产保护	0609
215	文艺、娱乐	0611
216	传媒	0613
217	科技发展	0614
218	国土资源管理	0615
219	其他社会发展和社会服务	0699
220	地球和大气层的探索与利用	07
221	地壳、地幔，海底的探测和研究	0701
222	水文地理	0702
223	海洋	0703
224	大气	0704
225	地球探测和开发其他研究	0799
226	民用空间探测及开发	08
227	空间探测一般研究	0801
228	卫星服务	0804
229	空间探测和开发其他研究	0899
230	农林牧渔业发展	09
231	农林牧渔业发展一般问题	0901
232	农作物种植及培育	0902
233	林业和林产品	0903
234	畜牧业	0904
235	渔业	0905
236	农林牧渔业体系支撑	0906

续表

课题经费内部支出	基础研究	应用研究	试验发展	R&D 成果应用	科技服务
5703	22	4070	40	0	1571
10	0	0	0	0	10
539	112	118	309	0	0
622	0	0	42	0	581
216	42	6	46	0	123
27 050	2635	6130	15 811	2009	465
2402	108	247	1850	84	113
1258	0	0	0	1258	0
1291	195	741	315	18	22
615	30	585	0	0	0
18	0	16	0	0	2
156	154	0	0	0	1
27	27	0	0	0	0
8	8	0	0	0	0
16 012	1549	3031	10 465	648	319
169	68	64	36	0	0
5094	496	1446	3144	0	8
112 246	52 436	25 536	19 564	4296	10 414
11 702	10 004	832	460	105	301
919	128	632	4	137	19
98 786	42 007	24 060	18 627	4052	10 040
336	259	12	9	2	55
503	38	0	465	0	0
623	60	124	437	0	2
451	12	0	437	0	2
149	48	101	0	0	0
23	0	23	0	0	0
109 133	22 650	19 385	48 973	11 108	7017
5424	313	861	2764	922	565
55 575	15 726	12 612	19 773	6409	1054
400	240	4	138	10	8
6517	1573	1082	2043	1472	348
18 658	3086	1959	12 885	455	272
20 512	1467	2859	11 154	1245	3787

序号	指标	行号
237	农林牧渔业生产中污染的防治与处理	0907
238	工商业发展	10
239	促进工商业发展的一般问题	1001
240	产业共性技术	1002
241	食品、饮料和烟草制品业	1004
242	纺织业、服装及皮革制品业	1005
243	化学工业	1006
244	非金属与金属制品业	1007
245	机械制造业（不包括电子设备、仪器仪表及办公机械）	1008
246	电子设备、仪器仪表及办公机械	1009
247	其他制造业	1010
248	建筑业	1012
249	信息与通信技术（ICT）服务业	1013
250	技术服务业	1014
251	金融业	1015
252	房地产业	1016
253	商业及其他服务业	1017
254	工商业活动中的环境保护、污染防治与处理	1018
255	非定向研究	11
256	自然科学的非定向研究	1101
257	工程与技术科学领域的非定向研究	1102
258	农业科学的非定向研究	1103
259	医学科学的非定向研究	1104
260	社会科学领域的非定向研究	1105
261	其他民用目标	12
262	国防	13
263	7. 按课题合作形式分布	
264	独立完成	1
265	与境内独立研究机构合作	2
266	与境内高等学校合作	3
267	与境内注册其他企业合作	4
268	与境外机构合作	5
269	其他	6
270	8. 按课题服务的国民经济行业分布	

续表

课题经费内部支出	基础研究	应用研究	试验发展	R&D 成果应用	科技服务
2047	245	9	216	594	982
41 433	1995	7671	28 193	2859	716
689	0	116	562	5	5
9391	514	3135	4007	1725	11
2527	92	274	2067	38	56
55	0	30	1	6	18
1460	97	422	611	61	268
925	250	125	506	0	44
16 136	70	217	15 624	225	0
633	83	189	362	0	0
248	26	93	117	0	12
29	0	23	6	0	0
2943	633	1200	862	101	149
5833	228	1609	3153	698	145
1	1	0	0	0	0
66	0	66	0	0	0
335	2	39	293	0	1
163	0	136	22	0	5
8992	5942	3050	0	0	0
5592	4748	844	0	0	0
1618	530	1088	0	0	0
19	9	10	0	0	0
243	202	41	0	0	0
1519	453	1066	0	0	0
6167	201	772	5074	112	7
17 771	179	295	17 292	0	5
367 717	89 189	80 628	155 928	17 944	24 028
31 480	4061	3379	20 154	3434	453
17 879	2445	4275	9178	1925	56
30 989	1348	6110	16 298	4892	2340
3099	1619	599	776	95	11
8852	768	2907	4840	230	106

序号	指标	行号
271	农、林、牧、渔业	A
272	农业	01
273	林业	02
274	畜牧业	03
275	渔业	04
276	农、林、牧、渔专业及辅助性活动	05
277	采矿业	B
278	煤炭开采和洗选业	06
279	石油和天然气开采业	07
280	黑色金属矿采选业	08
281	有色金属矿采选业	09
282	非金属矿采选业	10
283	开采专业及辅助性活动	11
284	制造业	C
285	农副食品加工业	13
286	食品制造业	14
287	酒、饮料和精制茶制造业	15
288	纺织业	17
289	纺织服装、服饰业	18
290	造纸和纸制品业	22
291	石油、煤炭及其他燃料加工业	25
292	化学原料和化学制品制造业	26
293	医药制造业	27
294	化学纤维制造业	28
295	橡胶和塑料制品业	29
296	非金属矿物制品业	30
297	黑色金属冶炼和压延加工业	31
298	有色金属冶炼和压延加工业	32
299	金属制品业	33
300	通用设备制造业	34
301	专用设备制造业	35
302	汽车制造业	36
303	铁路、船舶、航空航天和其他运输设备制造业	37
304	电气机械和器材制造业	38

续表

课题经费内部支出	基础研究	应用研究	试验发展	R&D 成果应用	科技服务
100 870	23 605	18 722	42 963	10 323	5257
68 798	16 997	14 992	24 298	8077	4434
367	0	38	293	30	6
5042	1329	748	1562	1191	211
20 312	4002	2408	13 107	465	330
6351	1278	535	3703	558	277
574	137	385	44	6	2
6	0	0	0	6	0
11	0	9	2	0	0
92	71	15	6	0	0
341	4	301	37	0	0
3	4	0	0	0	0
121	58	60	0	0	2
84 244	3794	8434	57 350	9793	4873
3208	209	757	1726	305	211
1801	9	63	1160	299	271
489	6	31	446	0	5
132	0	89	43	0	0
74	0	0	74	0	0
70	0	0	70	0	0
701	70	15	616	0	0
4808	179	515	1784	60	2271
16 001	1774	1592	7220	5062	354
33	7	26	0	0	0
197	46	0	151	0	0
670	136	207	327	0	0
36	0	1	36	0	0
96	51	0	10	35	0
15 041	17	382	14 605	0	37
1128	443	338	236	59	52
4142	193	1002	2627	265	56
1520	205	712	316	277	10
6460	22	120	6309	0	10
1682	124	317	1211	6	25

序号	指标	行号
305	计算机、通信和其他电子设备制造业	39
306	仪器仪表制造业	40
307	其他制造业	41
308	废弃资源综合利用业	42
309	金属制品、机械和设备修理业	43
310	电力、热力、燃气及水生产和供应业	D
311	电力、热力生产和供应业	44
312	燃气生产和供应业	45
313	水的生产和供应业	46
314	建筑业	E
315	房屋建筑业	47
316	土木工程建筑业	48
317	交通运输、仓储和邮政业	G
318	铁路运输业	53
319	道路运输业	54
320	水上运输业	55
321	管道运输业	57
322	信息传输、软件和信息技术服务业	I
323	电信、广播电视和卫星传输服务	63
324	互联网和相关服务	64
325	软件和信息技术服务业	65
326	金融业	J
327	货币金融服务	66
328	资本市场服务	67
329	房地产业	K
330	房地产业	70
331	租赁和商务服务业	L
332	商务服务业	72
333	科学研究和技术服务业	M
334	研究和试验发展	73
335	专业技术服务业	74
336	科技推广和应用服务业	75
337	水利、环境和公共设施管理业	N
338	水利管理业	76

续表

课题经费内部支出	基础研究	应用研究	试验发展	R&D 成果应用	科技服务
14 560	136	644	12 005	1775	0
4364	30	1011	2931	393	0
6910	25	613	3443	1258	1571
113	113	0	0	0	0
6	0	0	6	0	0
3231	107	856	988	25	1254
2255	53	769	214	25	1194
703	52	49	602	0	0
272	2	37	173	0	60
390	0	271	74	45	0
304	0	248	56	0	0
86	0	23	18	45	0
5590	133	272	4933	114	137
4325	45	73	4207	0	0
1243	78	199	714	114	137
10	10	0	0	0	0
12	0	0	12	0	0
13 548	1790	7193	4248	68	249
10	0	0	0	0	10
2072	423	891	753	5	0
11 466	1367	6302	3495	64	239
10	0	10	0	0	0
2	0	2	0	0	0
8	0	8	0	0	0
106	0	106	0	0	0
106	0	106	0	0	0
482	160	4	61	256	1
482	160	4	61	256	1
230 127	64 472	53 519	91 495	6804	13 837
161 729	51 597	39 147	70 986	0	0
66 207	12 666	14 065	19 373	6635	13 468
2191	210	307	1136	168	369
14 908	3072	6594	2958	1087	1198
108	24	14	44	26	0

序号	指标	行号
339	生态保护和环境治理业	77
340	公共设施管理业	78
341	居民服务、修理和其他服务业	O
342	居民服务业	80
343	教育	P
344	教育	83
345	卫生和社会工作	Q
346	卫生	84
347	文化、体育和娱乐业	R
348	文化艺术业	88
349	体育	89
350	娱乐业	90
351	公共管理、社会保障和社会组织	S
352	国家机构	92
353	社会保障	94
354	群众团体、社会团体和其他成员组织	95

续表

课题经费内部支出	基础研究	应用研究	试验发展	R&D 成果应用	科技服务
14 678	3048	6581	2792	1060	1198
123	0	0	123	0	0
3	0	0	0	0	3
3	0	0	0	0	3
209	44	103	23	0	39
209	44	103	23	0	39
3184	659	1416	1100	0	10
3184	659	1416	1100	0	10
274	183	0	0	0	91
265	181	0	0	0	84
8	0	0	0	0	8
2	2	0	0	0	0
2267	1273	13	937	0	44
2200	1240	13	937	0	9
13	0	0	0	0	13
55	33	0	0	0	22

表 11　课题人员折合全时工作量

序号	指标	行号
1	总计	00
2	1. 按机构所属地域分布	
3	山东省	370000
4	济南市	370100
5	历下区	370102
6	市中区	370103
7	槐荫区	370104
8	天桥区	370105
9	历城区	370112
10	济阳区	370115
11	平阴县	370124
12	济南高新技术产业开发区	370171
13	青岛市	370200
14	市辖区	370201
15	市南区	370202
16	市北区	370203
17	黄岛区	370211
18	崂山区	370212
19	李沧区	370213
20	城阳区	370214
21	即墨区	370215
22	青岛高新技术产业开发区	370271
23	淄博市	370300
24	市辖区	370301
25	张店区	370303
26	周村区	370306
27	枣庄市	370400
28	薛城区	370403
29	滕州市	370481
30	东营市	370500
31	市辖区	370501
32	东营区	370502
33	垦利区	370505

按活动类型分（2022 年）

计量单位：人年

课题人员折合全时工作量	基础研究	应用研究	试验发展	R&D 成果应用	科技服务
16 760.5	3522.2	4388.8	6354.2	1391	1104.3
16 760.5	3522.2	4388.8	6354.2	1391	1104.3
6909.6	1171	1797.6	2313.9	983.3	643.8
1834.3	433.8	611.6	462	103.1	223.8
376.3	56.1	290.2	22	0	8
364.1	112	222.1	30	0	0
260.1	74.7	17.1	86.9	5.2	76.2
2442.4	407.4	340.6	722	703.4	269
126	0	9	107	10	0
11	0	0	9	0	2
1495.4	87	307	875	161.6	64.8
5759.3	1584.9	1843.3	1914.3	147.8	269
80	0	47	33	0	0
1455.8	742.6	382.4	256.3	18	56.5
140	0	122	6	12	0
145	37	0	105	0	3
2312.1	350.8	918.2	805.3	41.8	196
244.3	41.8	19.7	155.3	21	6.5
415.4	28	216.9	160.5	10	0
852.4	343.7	92.5	371.7	38.5	6
114.3	41	44.6	21.2	6.5	1
265.4	3	33	212.1	3	14.3
149	3	25	120	1	0
114.4	0	8	92.1	0	14.3
2	0	0	0	2	0
106	0	0	106	0	0
57	0	0	57	0	0
49	0	0	49	0	0
95	57	24	10	4	0
53	46	0	7	0	0
25	4	21	0	0	0
17	7	3	3	4	0

序号	指标	行号
34	烟台市	370600
35	市辖区	370601
36	芝罘区	370602
37	福山区	370611
38	莱山区	370613
39	蓬莱区	370614
40	烟台高新技术产业开发区	370671
41	烟台经济技术开发区	370672
42	潍坊市	370700
43	市辖区	370701
44	潍城区	370702
45	坊子区	370704
46	寿光市	370783
47	昌邑市	370786
48	济宁市	370800
49	市辖区	370801
50	任城区	370811
51	兖州区	370812
52	微山县	370826
53	济宁高新技术产业开发区	370871
54	邹城市	370883
55	泰安市	370900
56	泰山区	370902
57	岱岳区	370911
58	威海市	371000
59	市辖区	371001
60	环翠区	371002
61	文登区	371003
62	日照市	371100
63	市辖区	371101
64	东港区	371102
65	临沂市	371300
66	市辖区	371301
67	兰山区	371302

续表

课题人员折合全时工作量	基础研究	应用研究	试验发展	R&D 成果应用	科技服务
1038.8	271.5	186.7	479.7	49.4	51.5
40.9	38.9	2	0	0	0
116.9	5.7	54.1	38.5	14.5	4.1
265	18	60	180	7	0
453.5	200.2	55.6	137.9	26.4	33.4
25.5	5.7	2	4.3	0.5	13
77	1	3	72	1	0
60	2	10	47	0	1
536	124	146	199	43	24
93	0	33	60	0	0
90	0	10	50	30	0
273	124	61	56	13	19
69	0	31	33	0	5
11	0	11	0	0	0
455.9	143.5	51.5	215.2	21	24.7
4	0	4	0	0	0
351.4	125	16	176.4	21	13
66.5	8.5	31.5	14.8	0	11.7
7	0	0	7	0	0
17	0	0	17	0	0
10	10	0	0	0	0
542.5	15	74.5	328	93	32
476.5	15	74.5	262	93	32
66	0	0	66	0	0
213.3	50	40	123.3	0	0
134	31	17	86	0	0
20.8	0	0	20.8	0	0
58.5	19	23	16.5	0	0
158.7	12.1	60.6	86	0	0
36	0	30	6	0	0
122.7	12.1	30.6	80	0	0
193.6	14.8	19.6	142.7	2.5	14
108	0	0	108	0	0
19.4	6.2	10.1	1.1	0	2

序号	指标	行号
68	河东区	371312
69	莒南县	371327
70	德州市	371400
71	市辖区	371401
72	齐河县	371425
73	禹城市	371482
74	聊城市	371500
75	市辖区	371501
76	滨州市	371600
77	市辖区	371601
78	菏泽市	371700
79	市辖区	371701
80	牡丹区	371702
81	菏泽经济技术开发区	371771
82	2. 按机构所属隶属关系分布	
83	中央部门属	010
84	中国科学院	011
85	非中央部门属	020
86	省级部门属	021
87	副省级城市属	022
88	地市级部门属	023
89	3. 按课题来源分布	
90	国家科技项目	1
91	地方科技项目	2
92	企业委托科技项目	3
93	自选科技项目	4
94	国际合作科技项目	5
95	其他科技项目	6
96	4. 按课题所属学科分布	
97	自然科学	A
98	信息科学与系统科学	120
99	物理学	140
100	化学	150
101	天文学	160

续表

课题人员折合全时工作量	基础研究	应用研究	试验发展	R&D 成果应用	科技服务
54.1	8.6	9.5	21.5	2.5	12
12.1	0	0	12.1	0	0
81	6	21	18	30	6
62	0	11	18	27	6
3	0	0	0	3	0
16	6	10	0	0	0
126	4	28	84	7	3
126	4	28	84	7	3
157.1	25.3	51.8	74	2	4
157.1	25.3	51.8	74	2	4
122.3	40.1	11.2	48	5	18
66	0	0	48	0	18
45.1	40.1	0	0	5	0
11.2	0	11.2	0	0	0
4104.3	1442.1	1334.3	1101.1	66.9	159.9
2128.9	775.7	741.3	530.9	24	57
12 656.2	2080.1	3054.5	5253.1	1324.1	944.4
6352.8	1502.9	1652.4	1679.2	912.5	605.8
2090.3	205.6	401.6	1307.7	81.6	93.8
2374.4	167.4	376.6	1637.1	105	88.3
4177.9	1560.2	1198.5	1129.3	186.6	103.3
5935.5	1153.9	1497.3	2218.4	717.7	348.2
2014.2	140.1	449.9	842	185.4	396.8
3037.9	409	864.7	1582	126.6	55.6
41.2	3.4	1.2	22.9	8.7	5
1553.8	255.6	377.2	559.6	166	195.4
4339.2	1767.4	897	1301.6	158.5	214.7
110.3	10.5	47	33	3.8	16
834.2	152	26.6	635.1	20.5	0
208.2	48	63	76.9	0	20.3
7	7	0	0	0	0

序号	指标	行号
102	地球科学	170
103	生物学	180
104	农业科学	B
105	农学	210
106	林学	220
107	畜牧、兽医科学	230
108	水产学	240
109	医学科学	C
110	基础医学	310
111	临床医学	320
112	预防医学与公共卫生学	330
113	军事医学与特种医学	340
114	药学	350
115	中医学与中药学	360
116	工程与技术科学	D
117	工程与技术科学基础学科	410
118	信息与系统科学相关工程与技术	413
119	自然科学相关工程与技术	416
120	测绘科学技术	420
121	材料科学	430
122	矿山工程技术	440
123	冶金工程技术	450
124	机械工程	460
125	动力与电气工程	470
126	能源科学技术	480
127	核科学技术	490
128	电子与通信技术	510
129	计算机科学技术	520
130	化学工程	530
131	产品应用相关工程与技术	535
132	纺织科学技术	540
133	食品科学技术	550
134	土木建筑工程	560
135	水利工程	570

续表

课题人员折合全时工作量	基础研究	应用研究	试验发展	R&D 成果应用	科技服务
2642.6	1232.4	657.1	476.9	112.4	163.8
536.9	317.5	103.3	79.7	21.8	14.6
4410.2	460.1	674.7	2226.1	815.5	233.8
3206.8	252.7	418.4	1696.2	699.7	139.8
233.7	1	79.2	79.5	33	41
301.5	65.5	46.4	115.2	43.2	31.2
668.2	140.9	130.7	335.2	39.6	21.8
1527	525	332.1	475.2	133.7	61
275.4	187.6	60.5	27.3	0	0
223.4	63.1	136.3	17.5	6.5	0
179.6	67.4	56.2	56	0	0
11	0	11	0	0	0
657.4	126.4	22.2	361.6	96.4	50.8
180.2	80.5	45.9	12.8	30.8	10.2
5973	627.9	2318.6	2278.8	276.3	471.4
341.2	33	125.7	20.4	37.9	124.2
533.5	43.6	157.1	122.8	76.6	133.4
998.2	50.8	384.9	542	1.7	18.8
61.3	16.1	22.7	22.5	0	0
726	121.7	291.3	286.7	19.7	6.6
18.5	3.5	15	0	0	0
7.2	0	0	7.2	0	0
212.5	71.3	54	82.2	5	0
227.4	12.1	8.2	196.1	8	3
271.6	6.8	125.8	134.3	2.7	2
56.2	4.2	13	37	2	0
287.7	11	29.6	210.9	31.2	5
718.3	89.2	518.4	78.7	32	0
158.3	12.1	34.4	41.8	0	70
189.5	1	145.2	38	0	5.3
55.3	0	20	25.3	2	8
237.1	15.3	59.5	119	26.8	16.5
17.1	0	0.1	14	3	0
62	3.4	15.1	35.7	5.8	2

序号	指标	行号
136	交通运输工程	580
137	航空、航天科学技术	590
138	环境科学技术及资源科学技术	610
139	安全科学技术	620
140	管理学	630
141	人文与社会科学	E
142	马克思主义	710
143	哲学	720
144	宗教学	730
145	文学	750
146	艺术学	760
147	历史学	770
148	考古学	780
149	经济学	790
150	政治学	810
151	法学	820
152	社会学	840
153	民族学与文化学	850
154	图书馆、情报与文献学	870
155	教育学	880
156	统计学	910
157	5. 按课题技术领域分布	
158	非技术领域	0
159	信息技术	1
160	生物和现代农业技术	2
161	新材料技术	3
162	能源技术	4
163	激光技术	5
164	先进制造与自动化技术	6
165	航天技术	7
166	资源与环境技术	8
167	其他技术领域	9
168	6. 按课题的社会经济目标分布	
169	环境保护、生态建设及污染防治	01

续表

课题人员折合全时工作量	基础研究	应用研究	试验发展	R&D 成果应用	科技服务
102	12.2	20.5	64.9	2.2	2.2
100.6	0	0	97.6	0	3
456.1	115.3	171.2	97.5	17.7	54.4
19	0	17	2	0	0
116.4	5.3	89.9	2.2	2	17
511.1	141.8	166.4	72.5	7	123.4
17.8	12.1	5.7	0	0	0
8.6	8.6	0	0	0	0
8.1	5.3	2.8	0	0	0
5.6	4.9	0.7	0	0	0
21.5	21.5	0	0	0	0
6.9	3.9	3	0	0	0
44	44	0	0	0	0
116.7	3.1	106.1	1.5	0	6
9.6	2.6	7	0	0	0
8.9	3.7	4.4	0	0	0.8
84.3	0.7	28.1	29	0	26.5
16.6	10.9	5.7	0	0	0
123	0.5	2.4	27	7	86.1
24	20	0	0	0	4
15.5	0	0.5	15	0	0
1167.1	693.8	234.4	93.2	7.6	138.1
1547.4	193.3	799.6	351.3	125.4	77.8
5622.2	918.7	962.9	2547.2	833.7	359.7
693.2	120.7	217	332.2	15.4	7.9
1079.4	27.8	529.5	508.7	10	3.4
744.2	52	25.3	622.9	44	0
560.9	116.7	150.3	269.5	19.3	5.1
167.5	0	0	164.5	0	3
2639.7	829.1	810.4	670.9	119.6	209.7
2538.9	570.1	659.4	793.8	216	299.6
1142.4	336.8	340.2	306.6	64	94.8

序号	指标	行号
170	环境一般问题	0101
171	环境与资源评估	0102
172	环境监测	0103
173	生态建设	0104
174	环境污染预防	0105
175	环境治理	0106
176	自然灾害的预防、预报	0107
177	能源生产、分配和合理利用	02
178	能源一般问题研究	0201
179	能源矿产的勘探技术	0202
180	能源矿物的开采和加工技术	0203
181	能源转换技术	0204
182	能源输送、储存与分配技术	0205
183	可再生能源	0206
184	能源设施和设备建造	0207
185	能源安全生产管理和技术	0208
186	节约能源的技术	0209
187	能源生产、输送、分配、储存、利用过程中污染的防治与处理	0210
188	卫生事业发展	03
189	卫生一般问题	0301
190	诊断与治疗	0302
191	预防医学	0303
192	公共卫生	0304
193	营养和食品卫生	0305
194	药物滥用和成瘾	0306
195	社会医疗	0307
196	卫生医疗其他研究	0399
197	教育事业发展	04
198	教育一般问题	0401
199	非学历教育与培训	0403
200	其他教育	0499
201	基础设施以及城市和农村规划	05
202	交通运输	0501

续表

课题人员折合全时工作量	基础研究	应用研究	试验发展	R&D 成果应用	科技服务
170.9	96	50.3	14.9	0.2	9.5
244	80	40.6	86.8	10	26.6
246.3	43.7	79.5	81.7	16.3	25.1
139.4	39	29.7	36.1	18.7	15.9
151.2	15.8	87.3	28.7	9.3	10.1
100.5	23.5	43.1	24.8	3.5	5.6
90.1	38.8	9.7	33.6	6	2
1269.6	47.1	564.5	593.3	20.5	44.2
56.3	2.8	34.8	17.1	0	1.6
23	3.3	5.2	14.5	0	0
28.7	3.7	0	18	7	0
137.7	7.2	11.3	119.2	0	0
22.7	1.3	11	9.9	0.2	0.3
753.8	15	385.2	328.4	1.8	23.4
31.6	0	4.3	9.3	6	12
1.6	1.4	0.1	0.1	0	0
209.5	11	112.6	74.8	4.5	6.6
4.7	1.4	0	2	1	0.3
1484.1	476.9	421.9	415.4	143.1	26.8
11.3	4.3	7	0	0	0
880.8	110.3	301.2	327	128.3	14
58.8	37	12	9	0	0.8
167.4	80	45.7	41	0	0.7
21.7	1	6.3	7.4	4	3
5.1	1	4.1	0	0	0
14.9	1.8	2.1	11	0	0
324.1	241.5	43.5	20	10.8	8.3
38.4	20	7.4	0	0	11
33	20	6	0	0	7
4	0	0	0	0	4
1.4	0	1.4	0	0	0
434.2	43	174.3	87.7	7.1	122.1
115.8	8.7	36.9	60.2	7.1	2.9

序号	指标	行号
203	通信	0502
204	广播与电视	0503
205	城市规划与市政工程	0504
206	农村发展规划与建设	0505
207	交通运输、通信、城市与农村发展对环境的影响	0506
208	基础社会发展和社会服务	06
209	社会发展和社会服务一般问题	0601
210	社会保障	0602
211	公共安全	0603
212	社会管理	0604
213	政府与政治	0607
214	遗产保护	0609
215	文艺、娱乐	0611
216	传媒	0613
217	科技发展	0614
218	国土资源管理	0615
219	其他社会发展和社会服务	0699
220	地球和大气层的探索与利用	07
221	地壳、地幔，海底的探测和研究	0701
222	水文地理	0702
223	海洋	0703
224	大气	0704
225	地球探测和开发其他研究	0799
226	民用空间探测及开发	08
227	空间探测一般研究	0801
228	卫星服务	0804
229	空间探测和开发其他研究	0899
230	农林牧渔业发展	09
231	农林牧渔业发展一般问题	0901
232	农作物种植及培育	0902
233	林业和林产品	0903
234	畜牧业	0904
235	渔业	0905
236	农林牧渔业体系支撑	0906

课题人员折合全时工作量	基础研究	应用研究	试验发展	R&D 成果应用	科技服务
217	2	104	11	0	100
3	0	0	0	0	3
77.1	30.6	33.3	13.2	0	0
18.2	0.2	0	2	0	16
3.1	1.5	0.1	1.3	0	0.2
1412.7	198.1	437	520.6	93.5	163.5
183.6	6.4	42.3	91.9	10	33
50	0	0	0	50	0
136	8.5	75.7	25.8	18	8
15.3	0.5	14	0	0	0.8
16.5	0	2.5	0	0	14
44.2	44	0	0	0	0.2
19	19	0	0	0	0
0.9	0.9	0	0	0	0
694	95.8	218.5	267.7	12.5	99.5
10.5	9	0.4	1.1	0	0
242.7	14	83.6	134.1	3	8
2359.3	1127.6	568.1	471.2	92.3	100.1
310	209.8	30.9	47.7	5	16.6
48.1	17.4	21.6	0.1	7	2
1896.8	861.5	509.8	370.4	77.3	77.8
29.4	8.9	5.8	8	3	3.7
75	30	0	45	0	0
25.1	3.9	4.6	16.5	0	0.1
17.8	1.2	0	16.5	0	0.1
4.8	2.7	2.1	0	0	0
2.5	0	2.5	0	0	0
4909.4	653.2	792.2	2326.8	832.9	304.3
387	42.5	65.6	157.8	87.6	33.5
2625.9	361.6	381.2	1354.4	471.6	57.1
133.7	10.5	38	47	9.2	29
286.9	56.8	43.6	107.7	48.4	30.4
520.9	116.6	101.6	246.2	36.3	20.2
853.8	50.3	147.5	396.1	140	119.9

序号	指标	行号
237	农林牧渔业生产中污染的防治与处理	0907
238	工商业发展	10
239	促进工商业发展的一般问题	1001
240	产业共性技术	1002
241	食品、饮料和烟草制品业	1004
242	纺织业、服装及皮革制品业	1005
243	化学工业	1006
244	非金属与金属制品业	1007
245	机械制造业（不包括电子设备、仪器仪表及办公机械）	1008
246	电子设备、仪器仪表及办公机械	1009
247	其他制造业	1010
248	建筑业	1012
249	信息与通信技术（ICT）服务业	1013
250	技术服务业	1014
251	金融业	1015
252	房地产业	1016
253	商业及其他服务业	1017
254	工商业活动中的环境保护、污染防治与处理	1018
255	非定向研究	11
256	自然科学的非定向研究	1101
257	工程与技术科学领域的非定向研究	1102
258	农业科学的非定向研究	1103
259	医学科学的非定向研究	1104
260	社会科学领域的非定向研究	1105
261	其他民用目标	12
262	国防	13
263	7. 按课题合作形式分布	
264	独立完成	1
265	与境内独立研究机构合作	2
266	与境内高等学校合作	3
267	与境内注册其他企业合作	4
268	与境外机构合作	5
269	其他	6
270	8. 按课题服务的国民经济行业分布	

续表

课题人员折合全时工作量	基础研究	应用研究	试验发展	R&D 成果应用	科技服务
101.2	14.9	14.7	17.6	39.8	14.2
2413.2	255	569.9	1244.3	115.6	228.4
20.7	0	6.9	8.9	1	3.9
422.4	52.3	127.7	197.1	40.3	5
156.1	17.2	11.7	111.7	3.9	11.6
26.9	0	14.6	2.3	2	8
135.4	11.2	27.8	42.6	2.5	51.3
60.2	30.5	10.8	15.2	0.3	3.4
702.9	61.3	25.7	610.9	5	0
45.5	7.9	17.8	19.8	0	0
44.8	8.3	6	22.3	0	8.2
2.1	0	2	0.1	0	0
144.6	30.5	78.7	20.4	3.6	11.4
617.5	33.3	222.7	180.9	56.7	123.9
0.5	0.5	0	0	0	0
5	0	5	0	0	0
23.5	2	10.5	10	0	1
5.1	0	2	2.1	0.3	0.7
702	348.6	353.4	0	0	0
311.1	182.9	128.2	0	0	0
116.2	40.8	75.4	0	0	0
4.6	2.1	2.5	0	0	0
64.5	63.7	0.8	0	0	0
205.6	59.1	146.5	0	0	0
295.1	9	135.3	122.8	22	6
275	3	20	249	0	3
12 148.7	2886.8	3243.1	4257.9	854	906.9
1532.5	253.6	254.4	746.7	215.5	62.3
991.3	152.4	295.9	441.1	74.1	27.8
1523.7	130.9	470.1	618.5	213.8	90.4
139.2	43.6	16.4	64.2	10	5
425.1	54.9	108.9	225.8	23.6	11.9

序号	指标	行号
271	农、林、牧、渔业	A
272	农业	01
273	林业	02
274	畜牧业	03
275	渔业	04
276	农、林、牧、渔专业及辅助性活动	05
277	采矿业	B
278	煤炭开采和洗选业	06
279	石油和天然气开采业	07
280	黑色金属矿采选业	08
281	有色金属矿采选业	09
282	非金属矿采选业	10
283	开采专业及辅助性活动	11
284	制造业	C
285	农副食品加工业	13
286	食品制造业	14
287	酒、饮料和精制茶制造业	15
288	纺织业	17
289	纺织服装、服饰业	18
290	造纸和纸制品业	22
291	石油、煤炭及其他燃料加工业	25
292	化学原料和化学制品制造业	26
293	医药制造业	27
294	化学纤维制造业	28
295	橡胶和塑料制品业	29
296	非金属矿物制品业	30
297	黑色金属冶炼和压延加工业	31
298	有色金属冶炼和压延加工业	32
299	金属制品业	33
300	通用设备制造业	34
301	专用设备制造业	35
302	汽车制造业	36
303	铁路、船舶、航空航天和其他运输设备制造业	37
304	电气机械和器材制造业	38

续表

课题人员折合全时工作量	基础研究	应用研究	试验发展	R&D 成果应用	科技服务
4457.2	677.7	745.2	2024.4	797.8	212.1
3171.5	425.5	491.1	1496.2	632	126.7
152.5	0	53	66	15.5	18
224.2	41.2	38.5	77.3	44.1	23.1
533.7	135.2	117	228.4	35.3	17.8
375.3	75.8	45.6	156.5	70.9	26.5
58.5	10.4	38.7	6.3	3	0.1
3	0	0	0	3	0
2.4	0	0.4	2	0	0
6.7	4.4	0.3	2	0	0
29.3	3	24	2.3	0	0
1	1	0	0	0	0
16.1	2	14	0	0	0.1
3422.2	393.1	577	1874.6	303.7	273.8
169.7	13.3	25.9	94.4	19.5	16.6
64.9	1.5	9.1	37.5	8	8.8
37.2	1.3	7	27.7	0	1.2
31.7	0	21.3	10.4	0	0
19.8	0	0	19.8	0	0
6	0	0	6	0	0
42.6	6	0.3	36.3	0	0
232.8	27.5	44.3	84.9	1.9	74.2
713	161	58.7	318.9	123.2	51.2
21.2	0.9	20	0	0	0.3
11.5	2	0	9.5	0	0
38.8	10.2	10	11.6	7	0
11.8	0	1	10.8	0	0
13.2	5	0	6.9	1.3	0
556.2	1.6	7.5	544.8	0	2.3
164.4	66.1	61.6	27.1	8.7	0.9
136.8	11.1	37.7	73.7	9.5	4.8
89.8	12	31	29.8	9	8
216.8	3.7	14.6	194.5	0	4
67.7	13.1	20.2	28.9	5	0.5

序号	指标	行号
305	计算机、通信和其他电子设备制造业	39
306	仪器仪表制造业	40
307	其他制造业	41
308	废弃资源综合利用业	42
309	金属制品、机械和设备修理业	43
310	电力、热力、燃气及水生产和供应业	D
311	电力、热力生产和供应业	44
312	燃气生产和供应业	45
313	水的生产和供应业	46
314	建筑业	E
315	房屋建筑业	47
316	土木工程建筑业	48
317	交通运输、仓储和邮政业	G
318	铁路运输业	53
319	道路运输业	54
320	水上运输业	55
321	管道运输业	57
322	信息传输、软件和信息技术服务业	I
323	电信、广播电视和卫星传输服务	63
324	互联网和相关服务	64
325	软件和信息技术服务业	65
326	金融业	J
327	货币金融服务	66
328	资本市场服务	67
329	房地产业	K
330	房地产业	70
331	租赁和商务服务业	L
332	商务服务业	72
333	科学研究和技术服务业	M
334	研究和试验发展	73
335	专业技术服务业	74
336	科技推广和应用服务业	75
337	水利、环境和公共设施管理业	N
338	水利管理业	76

课题人员折合全时工作量	基础研究	应用研究	试验发展	R&D 成果应用	科技服务
377.3	34.8	115.8	179.9	45.8	1
176.1	5	67.4	93.7	10	0
214.1	11	23.6	25	54.5	100
6.8	6	0	0.5	0.3	0
2	0	0	2	0	0
77.9	5.5	18	35.5	1.6	17.3
49.3	4.6	12	16.8	1.6	14.3
11.5	0.8	0.3	10.4	0	0
17.1	0.1	5.7	8.3	0	3
36	0	11.7	21.3	3	0
23.7	0	9.7	14	0	0
12.3	0	2	7.3	3	0
76.3	12.2	7.5	52.4	2	2.2
35	3.5	1	30.5	0	0
32.3	1.7	6.5	19.9	2	2.2
7	7	0	0	0	0
2	0	0	2	0	0
615.9	67.4	411.9	73.5	22.7	40.4
3	0	0	0	0	3
67.8	28.7	13.3	11.8	10	4
545.1	38.7	398.6	61.7	12.7	33.4
1.1	0	1.1	0	0	0
0.2	0	0.2	0	0	0
0.9	0	0.9	0	0	0
4.9	0	4.9	0	0	0
4.9	0	4.9	0	0	0
17	3	2	2	9	1
17	3	2	2	9	1
6801	1950	2153.6	2016.9	199.1	481.4
3872.3	1479.3	1199.7	1193.3	0	0
2515.6	461.7	883.6	695.9	187.1	287.3
413.1	9	70.3	127.7	12	194.1
582.8	120.8	244.6	142.1	49.1	26.2
22.1	3.8	0.5	16	1.8	0

序号	指标	行号
339	生态保护和环境治理业	77
340	公共设施管理业	78
341	居民服务、修理和其他服务业	O
342	居民服务业	80
343	教育	P
344	教育	83
345	卫生和社会工作	Q
346	卫生	84
347	文化、体育和娱乐业	R
348	文化艺术业	88
349	体育	89
350	娱乐业	90
351	公共管理、社会保障和社会组织	S
352	国家机构	92
353	社会保障	94
354	群众团体、社会团体和其他成员组织	95

续表

课题人员折合全时工作量	基础研究	应用研究	试验发展	R&D 成果应用	科技服务
555.7	117	244.1	121.1	47.3	26.2
5	0	0	5	0	0
15	0	0	0	0	15
15	0	0	0	0	15
35.4	21.5	11	1.9	0	1
35.4	21.5	11	1.9	0	1
415.9	175.5	142.1	93.3	0	5
415.9	175.5	142.1	93.3	0	5
78.6	65	0	0	0	13.6
70.6	63	0	0	0	7.6
6	0	0	0	0	6
2	2	0	0	0	0
64.8	20.1	19.5	10	0	15.2
52	17.1	19.5	10	0	5.4
0.8	0	0	0	0	0.8
12	3	0	0	0	9

表 12 R&D

序号	指标	行号	R&D 人员
1	总计	00	23 466
2	1.按机构所属地域分布		
3	山东省	370000	23 466
4	济南市	370100	8098
5	历下区	370102	2140
6	市中区	370103	499
7	槐荫区	370104	434
8	天桥区	370105	240
9	历城区	370112	2696
10	济阳区	370115	130
11	平阴县	370124	10
12	济南高新技术产业开发区	370171	1949
13	青岛市	370200	10 005
14	市辖区	370201	169
15	市南区	370202	2149
16	市北区	370203	213
17	黄岛区	370211	237
18	崂山区	370212	2825
19	李沧区	370213	340
20	城阳区	370214	679
21	即墨区	370215	3261
22	青岛高新技术产业开发区	370271	132
23	淄博市	370300	390
24	市辖区	370301	248
25	张店区	370303	140
26	周村区	370306	2
27	枣庄市	370400	152
28	薛城区	370403	63
29	滕州市	370481	89
30	东营市	370500	142
31	市辖区	370501	57
32	东营区	370502	33

人员（2022 年）

计量单位：人

#研究人员	#女性	按工作量分		按学历分			
		R&D 全时人员	R&D 非全时人员	博士毕业	硕士毕业	本科毕业	其他
16 611	8243	16 101	7365	7856	7813	5842	1955
16 611	8243	16 101	7365	7856	7813	5842	1955
5358	2843	6299	1799	1999	3151	2238	710
1681	785	1704	436	609	743	587	201
418	184	447	52	130	204	161	4
324	149	346	88	108	147	129	50
188	59	211	29	36	104	86	14
1816	1064	2036	660	714	1052	683	247
94	12	77	53	69	37	21	3
9	3	9	1	0	1	8	1
828	587	1469	480	333	863	563	190
7382	3421	5702	4303	4708	2900	1796	601
80	17	122	47	27	68	70	4
1805	902	1488	661	1169	444	320	216
148	83	157	56	30	81	59	43
65	68	173	64	41	120	67	9
2073	1110	2121	704	1108	1047	505	165
203	134	229	111	93	76	120	51
499	182	313	366	154	182	331	12
2410	876	1003	2258	2029	832	300	100
99	49	96	36	57	50	24	1
286	149	356	34	27	140	163	60
163	102	217	31	25	88	109	26
123	47	137	3	2	51	53	34
0	0	2	0	0	1	1	0
115	36	105	47	40	43	59	10
57	17	57	6	0	4	49	10
58	19	48	41	40	39	10	0
110	40	98	44	48	26	53	15
50	15	51	6	6	7	37	7
23	18	26	7	6	15	7	5

序号	指标	行号	R&D 人员
33	垦利区	370505	52
34	烟台市	370600	1359
35	市辖区	370601	62
36	芝罘区	370602	166
37	福山区	370611	294
38	莱山区	370613	554
39	蓬莱区	370614	27
40	烟台高新技术产业开发区	370671	148
41	烟台经济技术开发区	370672	108
42	潍坊市	370700	713
43	市辖区	370701	94
44	潍城区	370702	111
45	坊子区	370704	412
46	寿光市	370783	78
47	昌邑市	370786	18
48	济宁市	370800	527
49	市辖区	370801	12
50	任城区	370811	398
51	兖州区	370812	62
52	微山县	370826	14
53	济宁高新技术产业开发区	370871	21
54	邹城市	370883	20
55	泰安市	370900	698
56	泰山区	370902	511
57	岱岳区	370911	187
58	威海市	371000	238
59	市辖区	371001	138
60	环翠区	371002	24
61	文登区	371003	76
62	日照市	371100	191
63	市辖区	371101	36
64	东港区	371102	155
65	临沂市	371300	344

# 研究人员	# 女性	按工作量分		按学历分			
		R&D 全时人员	R&D 非全时人员	博士毕业	硕士毕业	本科毕业	其他
37	7	21	31	36	4	9	3
1030	571	1042	317	482	438	292	147
62	28	53	9	16	44	1	1
135	65	137	29	22	53	66	25
250	117	258	36	38	138	82	36
416	240	414	140	280	138	118	18
10	9	10	17	1	6	16	4
49	81	62	86	45	33	7	63
108	31	108	0	80	26	2	0
360	314	586	127	160	271	174	108
93	39	94	0	13	30	26	25
71	36	101	10	13	8	63	27
125	220	308	104	125	213	50	24
57	13	69	9	9	18	27	24
14	6	14	4	0	2	8	8
418	177	429	98	78	199	172	78
4	2	0	12	0	5	7	0
366	152	353	45	57	158	118	65
18	7	49	13	1	21	35	5
2	4	7	7	1	1	7	5
19	11	15	6	4	10	4	3
9	1	5	15	15	4	1	0
470	261	537	161	85	184	369	60
404	181	417	94	85	166	205	55
66	80	120	67	0	18	164	5
205	52	127	111	90	73	70	5
125	43	99	39	61	37	36	4
15	9	15	9	14	6	4	0
65	0	13	63	15	30	30	1
127	55	165	26	11	53	73	54
27	15	36	0	1	7	15	13
100	40	129	26	10	46	58	41
241	93	179	165	77	114	122	31

序号	指标	行号	R&D 人员
66	市辖区	371301	125
67	兰山区	371302	72
68	河东区	371312	90
69	莒南县	371327	57
70	德州市	371400	50
71	市辖区	371401	32
72	禹城市	371482	18
73	聊城市	371500	169
74	市辖区	371501	169
75	滨州市	371600	236
76	市辖区	371601	236
77	菏泽市	371700	154
78	市辖区	371701	61
79	牡丹区	371702	42
80	菏泽经济技术开发区	371771	51
81	2. 按机构所属隶属关系分布		
82	中央部门属	010	5478
83	中国科学院	011	3123
84	非中央部门属	020	17 988
85	省级部门属	021	7406
86	副省级城市属	022	4862
87	地市级部门属	023	3027
88	3. 按机构从事的国民经济行业分布		
89	科学研究和技术服务业	M	23 466
90	研究和试验发展	73	20 503
91	专业技术服务业	74	1808
92	科技推广和应用服务业	75	1155
93	4. 按机构服务的国民经济行业分布		
94	农、林、牧、渔业	A	2892
95	农业	01	1354
96	林业	02	213
97	畜牧业	03	168
98	渔业	04	621

续表

#研究人员	#女性	按工作量分		按学历分			
		R&D 全时人员	R&D 非全时人员	博士毕业	硕士毕业	本科毕业	其他
106	45	125	0	6	32	64	23
48	11	14	58	0	36	30	6
60	34	38	52	51	26	13	0
27	3	2	55	20	20	15	2
46	28	48	2	5	26	10	9
30	18	32	0	3	23	5	1
16	10	16	2	2	3	5	8
134	65	154	15	4	61	66	38
134	65	154	15	4	61	66	38
211	84	192	44	21	75	134	6
211	84	192	44	21	75	134	6
118	54	82	72	21	59	51	23
46	10	42	19	1	22	32	6
42	19	40	2	19	23	0	0
30	25	0	51	1	14	19	17
4178	2124	4046	1432	2442	1600	967	469
2428	1248	2054	1069	1611	773	426	313
12 433	6119	12 055	5933	5414	6213	4875	1486
5515	2900	5596	1810	2141	2697	1945	623
3136	1394	2084	2778	2315	1350	914	283
2332	1107	2481	546	399	963	1182	483
16 611	8243	16 101	7365	7856	7813	5842	1955
14 727	7307	14 037	6466	7406	6684	4671	1742
1154	595	1293	515	150	675	814	169
730	341	771	384	300	454	357	44
2352	1146	2505	387	785	930	894	283
1109	574	1173	181	388	388	429	149
201	95	178	35	29	61	108	15
140	69	148	20	58	49	36	25
495	249	597	24	227	200	151	43

序号	指标	行号	R&D 人员
99	农、林、牧、渔专业及辅助性活动	05	536
100	制造业	C	2894
101	农副食品加工业	13	34
102	食品制造业	14	224
103	纺织业	17	8
104	造纸和纸制品业	22	35
105	化学原料和化学制品制造业	26	246
106	医药制造业	27	380
107	化学纤维制造业	28	32
108	黑色金属冶炼和压延加工业	31	57
109	专用设备制造业	35	297
110	汽车制造业	36	44
111	铁路、船舶、航空航天和其他运输设备制造业	37	220
112	计算机、通信和其他电子设备制造业	39	227
113	仪器仪表制造业	40	465
114	其他制造业	41	625
115	建筑业	E	24
116	房屋建筑业	47	24
117	交通运输、仓储和邮政业	G	92
118	铁路运输业	53	52
119	道路运输业	54	40
120	信息传输、软件和信息技术服务业	I	526
121	软件和信息技术服务业	65	526
122	科学研究和技术服务业	M	15 964
123	研究和试验发展	73	11 558
124	专业技术服务业	74	3648
125	科技推广和应用服务业	75	758
126	水利、环境和公共设施管理业	N	357
127	水利管理业	76	98
128	生态保护和环境治理业	77	259
129	教育	P	50
130	教育	83	50
131	卫生和社会工作	Q	616

续表

#研究人员	#女性	按工作量分		按学历分			
		R&D 全时人员	R&D 非全时人员	博士毕业	硕士毕业	本科毕业	其他
407	159	409	127	83	232	170	51
1667	844	2235	659	571	1078	913	332
18	21	17	17	4	18	7	5
126	66	137	87	42	80	95	7
4	4	8	0	0	4	3	1
17	11	35	0	0	5	27	3
206	42	201	45	58	107	61	20
169	210	380	0	68	149	113	50
23	12	22	10	0	7	8	17
27	3	2	55	20	20	15	2
158	108	224	73	14	162	100	21
28	6	27	17	9	18	15	2
135	46	131	89	93	70	48	9
100	78	212	15	24	23	139	41
356	120	351	114	166	218	56	25
300	117	488	137	73	197	226	129
15	3	10	14	1	9	9	5
15	3	10	14	1	9	9	5
79	11	90	2	22	58	12	0
39	7	50	2	13	31	8	0
40	4	40	0	9	27	4	0
382	102	445	81	220	144	156	6
382	102	445	81	220	144	156	6
11 242	5715	10 023	5941	6095	5131	3514	1224
7961	4174	7319	4239	4806	3761	2158	833
2813	1337	2182	1466	1095	1128	1061	364
468	204	522	236	194	242	295	27
318	164	275	82	59	186	96	16
80	30	40	58	16	50	32	0
238	134	235	24	43	136	64	16
20	26	50	0	0	12	38	0
20	26	50	0	0	12	38	0
485	225	417	199	101	235	191	89

序号	指标	行号	R&D 人员
132	卫生	84	616
133	文化、体育和娱乐业	R	44
134	文化艺术业	88	44
135	公共管理、社会保障和社会组织	S	7
136	国家机构	92	7
137	5. 按机构所属学科分布		
138	自然科学	A	7210
139	信息科学与系统科学	120	555
140	物理学	140	910
141	化学	150	275
142	地球科学	170	5158
143	生物学	180	312
144	农业科学	B	5205
145	农学	210	3877
146	林学	220	239
147	畜牧、兽医科学	230	361
148	水产学	240	728
149	医学科学	C	1947
150	基础医学	310	343
151	临床医学	320	270
152	预防医学与公共卫生学	330	252
153	药学	350	877
154	中医学与中药学	360	205
155	工程与技术科学	D	8563
156	工程与技术科学基础学科	410	705
157	信息与系统科学相关工程与技术	413	392
158	自然科学相关工程与技术	416	758
159	测绘科学技术	420	66
160	材料科学	430	465
161	冶金工程技术	450	57
162	机械工程	460	202
163	动力与电气工程	470	323
164	能源科学技术	480	1376

续表

#研究人员	#女性	按工作量分		按学历分			
		R&D 全时人员	R&D 非全时人员	博士毕业	硕士毕业	本科毕业	其他
485	225	417	199	101	235	191	89
44	4	44	0	1	25	18	0
44	4	44	0	1	25	18	0
7	3	7	0	1	5	1	0
7	3	7	0	1	5	1	0
5186	2273	4090	3120	3353	2105	1238	514
179	129	522	33	77	370	94	14
474	206	716	194	142	282	343	143
211	134	215	60	66	64	97	48
4134	1668	2368	2790	2966	1269	633	290
188	136	269	43	102	120	71	19
3862	2276	4237	968	1457	1664	1462	622
2791	1738	3071	806	1046	1253	1068	510
216	101	200	39	35	63	122	19
298	148	335	26	141	103	77	40
557	289	631	97	235	245	195	53
1265	897	1546	401	419	711	512	305
220	135	266	77	94	96	73	80
199	109	188	82	81	112	55	22
191	69	165	87	13	83	113	43
486	469	758	119	168	334	226	149
169	115	169	36	63	86	45	11
5812	2529	5717	2846	2480	3129	2453	501
525	175	290	415	136	304	213	52
201	81	372	20	175	125	85	7
572	180	572	186	200	311	213	34
58	4	61	5	2	49	15	0
310	160	378	87	170	220	65	10
27	3	2	55	20	20	15	2
143	41	185	17	21	59	92	30
126	87	75	248	126	127	61	9
936	519	930	446	583	463	200	130

序号	指标	行号	R&D 人员
165	核科学技术	490	56
166	电子与通信技术	510	666
167	计算机科学技术	520	637
168	化学工程	530	505
169	产品应用相关工程与技术	535	319
170	纺织科学技术	540	27
171	食品科学技术	550	154
172	土木建筑工程	560	103
173	水利工程	570	98
174	交通运输工程	580	92
175	航空、航天科学技术	590	118
176	环境科学技术及资源科学技术	610	993
177	安全科学技术	620	12
178	管理学	630	439
179	人文与社会科学	E	541
180	艺术学	760	45
181	考古学	780	44
182	社会学	840	327
183	图书馆、情报与文献学	870	75
184	教育学	880	50
185	6. 按机构从业人员规模分布		
186	≥ 1000 人	00	1182
187	500 ~ 999 人	01	4530
188	300 ~ 499 人	02	4104
189	200 ~ 299 人	03	2578
190	100 ~ 199 人	04	5721
191	50 ~ 99 人	05	3114
192	30 ~ 49 人	06	1108
193	20 ~ 29 人	07	577
194	10 ~ 19 人	08	505
195	0 ~ 9 人	09	47

续表

# 研究人员	# 女性	按工作量分		按学历分			
		R&D 全时人员	R&D 非全时人员	博士毕业	硕士毕业	本科毕业	其他
29	8	56	0	26	19	11	0
447	187	526	140	184	265	163	54
429	133	358	279	95	168	371	3
280	108	360	145	74	177	212	42
148	55	72	247	116	104	86	13
23	8	17	10	0	6	6	15
122	66	80	74	90	29	28	7
103	29	98	5	1	53	41	8
80	30	40	58	16	50	32	0
79	11	90	2	22	58	12	0
46	20	68	50	34	46	29	9
739	446	793	200	323	290	312	68
4	2	0	12	0	5	7	0
385	176	294	145	66	181	184	8
486	268	511	30	147	204	177	13
32	29	35	10	4	21	20	0
44	4	44	0	1	25	18	0
315	182	327	0	142	119	58	8
75	27	55	20	0	27	43	5
20	26	50	0	0	12	38	0
818	547	794	388	398	310	280	194
3338	1663	3091	1439	1886	1348	830	466
2708	1363	2032	2072	2134	1292	536	142
1607	981	1961	617	723	1034	636	185
4093	1935	4471	1250	1328	2069	1781	543
2434	1059	2375	739	770	1009	1104	231
861	384	831	277	218	406	378	106
427	162	302	275	166	202	156	53
285	130	208	297	218	130	123	34
40	19	36	11	15	13	18	1

表 13　R&D 人员折合

序号	指标	行号
1	总计	00
2	1.按机构所属地域分布	
3	山东省	370000
4	济南市	370100
5	历下区	370102
6	市中区	370103
7	槐荫区	370104
8	天桥区	370105
9	历城区	370112
10	济阳区	370115
11	平阴县	370124
12	济南高新技术产业开发区	370171
13	青岛市	370200
14	市辖区	370201
15	市南区	370202
16	市北区	370203
17	黄岛区	370211
18	崂山区	370212
19	李沧区	370213
20	城阳区	370214
21	即墨区	370215
22	青岛高新技术产业开发区	370271
23	淄博市	370300
24	市辖区	370301
25	张店区	370303
26	周村区	370306
27	枣庄市	370400
28	薛城区	370403
29	滕州市	370481
30	东营市	370500
31	市辖区	370501
32	东营区	370502
33	垦利区	370505

全时工作量（2022 年）

计量单位：人年

R&D 人员折合全时工作量	#研究人员	按活动类型分组		
		基础研究	应用研究	试验发展
19 381	13 014	4977	5621	8783
19 381	13 014	4977	5621	8783
7088	4677	1561	2450	3077
1921	1542	599	743	579
477	415	77	378	22
397	286	119	247	31
226	179	83	24	119
2216	1459	561	586	1069
120	93	0	9	111
9	9	0	0	9
1722	694	122	463	1137
7668	4852	2430	2265	2973
125	80	0	73	52
1753	1334	955	481	317
160	145	0	154	6
218	65	89	0	129
2502	1810	390	1122	990
278	154	52	27	199
491	416	38	261	192
2025	761	859	99	1067
116	87	47	48	21
368	280	5	50	313
229	157	5	41	183
137	123	0	9	128
2	0	0	0	2
106	86	0	0	106
57	57	0	0	57
49	29	0	0	49
106	85	67	27	12
54	46	47	0	7
27	22	6	21	0
25	17	14	6	5

序号	指标	行号
34	烟台市	370600
35	市辖区	370601
36	芝罘区	370602
37	福山区	370611
38	莱山区	370613
39	蓬莱区	370614
40	烟台高新技术产业开发区	370671
41	烟台经济技术开发区	370672
42	潍坊市	370700
43	市辖区	370701
44	潍城区	370702
45	坊子区	370704
46	寿光市	370783
47	昌邑市	370786
48	济宁市	370800
49	市辖区	370801
50	任城区	370811
51	兖州区	370812
52	微山县	370826
53	济宁高新技术产业开发区	370871
54	邹城市	370883
55	泰安市	370900
56	泰山区	370902
57	岱岳区	370911
58	威海市	371000
59	市辖区	371001
60	环翠区	371002
61	文登区	371003
62	日照市	371100
63	市辖区	371101
64	东港区	371102
65	临沂市	371300
66	市辖区	371301
67	兰山区	371302
68	河东区	371312

R&D 人员折合全时工作量	#研究人员	按活动类型分组		
		基础研究	应用研究	试验发展
1205	923	357	225	623
53	53	50	3	0
146	107	14	72	60
258	248	18	60	180
489	348	263	65	161
16	10	7	3	6
135	49	1	4	130
108	108	4	18	86
652	315	186	188	278
94	93	0	33	61
107	60	0	15	92
362	93	186	92	84
75	55	0	34	41
14	14	0	14	0
465	378	170	55	240
4	1	0	4	0
372	341	152	19	201
55	10	8	32	15
7	2	0	0	7
17	17	0	0	17
10	7	10	0	0
554	455	24	81	449
434	389	24	81	329
120	66	0	0	120
219	194	51	42	126
134	116	31	17	86
22	15	0	0	22
63	63	20	25	18
170	122	14	63	93
36	27	0	30	6
134	95	14	33	87
257	192	30	42	185
125	106	0	0	125
41	29	14	24	3
74	44	16	18	40

序号	指标	行号
69	莒南县	371327
70	德州市	371400
71	市辖区	371401
72	禹城市	371482
73	聊城市	371500
74	市辖区	371501
75	滨州市	371600
76	市辖区	371601
77	菏泽市	371700
78	市辖区	371701
79	牡丹区	371702
80	菏泽经济技术开发区	371771
81	2.按机构所属隶属关系分布	
82	中央部门属	010
83	中国科学院	011
84	非中央部门属	020
85	省级部门属	021
86	副省级城市属	022
87	地市级部门属	023
88	3.按机构从事的国民经济行业分布	
89	科学研究和技术服务业	M
90	研究和试验发展	73
91	专业技术服务业	74
92	科技推广和应用服务业	75
93	4.按机构服务的国民经济行业分布	
94	农、林、牧、渔业	A
95	农业	01
96	林业	02
97	畜牧业	03
98	渔业	04
99	农、林、牧、渔专业及辅助性活动	05
100	制造业	C
101	农副食品加工业	13
102	食品制造业	14
103	纺织业	17

R&D 人员折合全时工作量	# 研究人员	按活动类型分组		
		基础研究	应用研究	试验发展
17	13	0	0	17
48	46	6	22	20
32	30	0	12	20
16	16	6	10	0
164	131	4	30	130
164	131	4	30	130
199	180	31	61	107
199	180	31	61	107
112	98	41	20	51
51	42	0	0	51
41	41	41	0	0
20	15	0	20	0
4669	3457	1734	1623	1312
2577	1829	966	943	668
14 712	9557	3243	3998	7471
6239	4807	1961	2100	2178
3439	1318	692	562	2185
2694	2188	209	413	2072
19 381	13 014	4977	5621	8783
17 072	11 408	4775	4572	7725
1408	1010	101	711	596
901	596	101	338	462
2621	2191	448	551	1622
1216	1046	170	239	807
191	174	0	101	90
156	112	44	36	76
603	495	168	159	276
455	364	66	16	373
2434	1495	212	531	1691
24	17	0	0	24
138	91	17	70	51
8	4	0	8	0

序号	指标	行号
104	造纸和纸制品业	22
105	化学原料和化学制品制造业	26
106	医药制造业	27
107	化学纤维制造业	28
108	黑色金属冶炼和压延加工业	31
109	专用设备制造业	35
110	汽车制造业	36
111	铁路、船舶、航空航天和其他运输设备制造业	37
112	计算机、通信和其他电子设备制造业	39
113	仪器仪表制造业	40
114	其他制造业	41
115	建筑业	E
116	房屋建筑业	47
117	交通运输、仓储和邮政业	G
118	铁路运输业	53
119	道路运输业	54
120	信息传输、软件和信息技术服务业	I
121	软件和信息技术服务业	65
122	科学研究和技术服务业	M
123	研究和试验发展	73
124	专业技术服务业	74
125	科技推广和应用服务业	75
126	水利、环境和公共设施管理业	N
127	水利管理业	76
128	生态保护和环境治理业	77
129	教育	P
130	教育	83
131	卫生和社会工作	Q
132	卫生	84
133	文化、体育和娱乐业	R
134	文化艺术业	88
135	公共管理、社会保障和社会组织	S
136	国家机构	92
137	5.按机构所属学科分布	
138	自然科学	A

续表

R&D 人员折合全时工作量	#研究人员	按活动类型分组		
		基础研究	应用研究	试验发展
35	17	0	0	35
226	179	29	115	82
380	169	60	88	232
28	12	0	28	0
17	13	0	0	17
228	133	8	79	141
36	24	0	6	30
208	126	30	9	169
218	91	0	9	209
360	347	68	119	173
528	272	0	0	528
14	11	0	0	14
14	11	0	0	14
91	79	3	7	81
51	39	0	2	49
40	40	3	5	32
486	373	99	329	58
486	373	99	329	58
12 780	8077	3828	3763	5189
9389	5579	2890	2380	4119
2797	2084	889	1180	728
594	414	49	203	342
301	259	25	216	60
65	63	8	19	38
236	196	17	197	22
50	20	50	0	0
50	20	50	0	0
553	458	261	224	68
553	458	261	224	68
44	44	44	0	0
44	44	44	0	0
7	7	7	0	0
7	7	7	0	0
5493	2961	2305	991	2197

序号	指标	行号
139	信息科学与系统科学	120
140	物理学	140
141	化学	150
142	地球科学	170
143	生物学	180
144	农业科学	B
145	农学	210
146	林学	220
147	畜牧、兽医科学	230
148	水产学	240
149	医学科学	C
150	基础医学	310
151	临床医学	320
152	预防医学与公共卫生学	330
153	药学	350
154	中医学与中药学	360
155	工程与技术科学	D
156	工程与技术科学基础学科	410
157	信息与系统科学相关工程与技术	413
158	自然科学相关工程与技术	416
159	测绘科学技术	420
160	材料科学	430
161	冶金工程技术	450
162	机械工程	460
163	动力与电气工程	470
164	能源科学技术	480
165	核科学技术	490
166	电子与通信技术	510
167	计算机科学技术	520
168	化学工程	530
169	产品应用相关工程与技术	535
170	纺织科学技术	540
171	食品科学技术	550
172	土木建筑工程	560
173	水利工程	570

| R&D 人员折合 | | 按活动类型分组 | | |
全时工作量	# 研究人员	基础研究	应用研究	试验发展
551	165	68	253	230
788	435	117	29	642
224	192	71	41	112
3650	1986	1871	633	1146
280	183	178	35	67
4487	3328	868	904	2715
3275	2351	571	544	2160
213	189	7	107	99
347	270	105	90	152
652	518	185	163	304
1799	1170	680	443	676
308	187	230	50	28
238	198	111	127	0
233	181	79	86	68
837	456	128	129	580
183	148	132	51	0
7087	5108	911	3036	3140
545	405	68	265	212
378	201	90	261	27
633	509	49	163	421
62	57	6	42	14
408	252	64	150	194
17	13	0	0	17
194	139	76	23	95
258	96	0	13	245
1194	838	54	577	563
56	29	0	9	47
547	429	77	180	290
547	394	87	373	87
371	251	0	171	200
117	74	16	11	90
23	12	0	23	0
107	82	23	10	74
100	100	30	62	8
65	63	8	19	38

序号	指标	行号
174	交通运输工程	580
175	航空、航天科学技术	590
176	环境科学技术及资源科学技术	610
177	安全科学技术	620
178	管理学	630
179	人文与社会科学	E
180	艺术学	760
181	考古学	780
182	社会学	840
183	图书馆、情报与文献学	870
184	教育学	880
185	6. 按机构从业人员规模分布	
186	≥ 1000 人	00
187	500 ~ 999 人	01
188	300 ~ 499 人	02
189	200 ~ 299 人	03
190	100 ~ 199 人	04
191	50 ~ 99 人	05
192	30 ~ 49 人	06
193	20 ~ 29 人	07
194	10 ~ 19 人	08
195	0 ~ 9 人	09

续表

| R&D 人员折合 | | 按活动类型分组 | | |
全时工作量	#研究人员	基础研究	应用研究	试验发展
91	79	3	7	81
110	46	0	0	110
857	664	217	380	260
4	1	0	4	0
403	374	43	293	67
515	447	213	247	55
39	21	39	0	0
44	44	44	0	0
327	315	80	247	0
55	47	0	0	55
50	20	50	0	0
833	528	190	91	552
3777	2643	1150	1271	1356
3025	1173	1314	461	1250
2266	1482	395	630	1241
4973	3655	882	1877	2214
2801	2217	739	865	1197
935	773	174	193	568
448	319	34	145	269
286	195	83	88	115
37	29	16	0	21

表 14　R&D 经费内部支出

序号	指标	行号
1	总计	00
2	1. 按机构所属地域分布	
3	山东省	370000
4	济南市	370100
5	历下区	370102
6	市中区	370103
7	槐荫区	370104
8	天桥区	370105
9	历城区	370112
10	济阳区	370115
11	平阴县	370124
12	济南高新技术产业开发区	370171
13	青岛市	370200
14	市辖区	370201
15	市南区	370202
16	市北区	370203
17	黄岛区	370211
18	崂山区	370212
19	李沧区	370213
20	城阳区	370214
21	即墨区	370215
22	青岛高新技术产业开发区	370271
23	淄博市	370300
24	市辖区	370301
25	张店区	370303
26	周村区	370306
27	枣庄市	370400
28	薛城区	370403
29	滕州市	370481
30	东营市	370500
31	市辖区	370501
32	东营区	370502

按活动类型和经费来源分（2022 年）

计量单位：万元

R&D 经费内部支出	按活动类型分			按经费来源分			
	基础研究	应用研究	试验发展	政府资金	企业资金	国外资金	其他资金
965 213	259 862	253 693	451 658	766 299	63 837	224	134 853
965 213	259 862	253 693	451 658	766 299	63 837	224	134 853
337 375	58 789	81 942	196 644	259 360	23 240	0	54 775
83 019	20 489	28 561	33 969	55 702	4281	0	23 036
16 108	3003	12 719	386	15 123	0	0	985
12 218	4751	5422	2045	10 892	0	0	1326
12 432	4305	1544	6583	6627	3016	0	2789
117 510	23 590	20 970	72 950	92 180	3833	0	21 498
3539	0	20	3520	1511	2026	0	2
203	0	0	203	179	0	0	25
92 345	2652	12 705	76 988	77 146	10 084	0	5114
404 131	130 122	139 474	134 534	311 871	36 259	224	55 777
2884	0	2539	345	0	0	0	2884
99 313	38 093	33 019	28 201	83 960	8766	148	6439
4443	0	4388	55	4112	0	0	331
12 153	4132	0	8021	6262	382	0	5509
143 623	31 573	80 114	31 935	104 356	19 602	76	19 589
11 952	824	3681	7448	7932	687	0	3333
17 358	710	8153	8494	3568	4521	0	9269
107 661	54 195	5109	48 357	100 853	826	0	5982
4745	595	2472	1678	828	1476	0	2441
10 115	281	1612	8223	7772	1228	0	1115
5839	281	491	5067	4589	1211	0	39
4176	0	1121	3055	3083	17	0	1076
100	0	0	100	100	0	0	0
1394	0	0	1394	1394	0	0	0
1219	0	0	1219	1219	0	0	0
174	0	0	174	174	0	0	0
2064	1228	746	89	1660	0	0	404
901	856	0	45	540	0	0	361
737	43	694	0	694	0	0	43

序号	指标	行号
33	垦利区	370505
34	烟台市	370600
35	市辖区	370601
36	芝罘区	370602
37	福山区	370611
38	莱山区	370613
39	蓬莱区	370614
40	烟台高新技术产业开发区	370671
41	烟台经济技术开发区	370672
42	潍坊市	370700
43	市辖区	370701
44	潍城区	370702
45	坊子区	370704
46	寿光市	370783
47	昌邑市	370786
48	济宁市	370800
49	市辖区	370801
50	任城区	370811
51	兖州区	370812
52	微山县	370826
53	济宁高新技术产业开发区	370871
54	邹城市	370883
55	泰安市	370900
56	泰山区	370902
57	岱岳区	370911
58	威海市	371000
59	市辖区	371001
60	环翠区	371002
61	文登区	371003
62	日照市	371100
63	市辖区	371101
64	东港区	371102
65	临沂市	371300

R&D 经费内部支出	按活动类型分			按经费来源分			
	基础研究	应用研究	试验发展	政府资金	企业资金	国外资金	其他资金
425	329	52	44	425	0	0	0
117 378	43 816	9701	63 861	109 362	2951	0	5065
1685	1378	307	0	1384	301	0	0
6589	1426	2485	2678	4761	0	0	1828
10 196	51	806	9339	6960	0	0	3236
16 311	8232	3543	4537	13 722	2589	0	0
908	344	306	257	908	0	0	0
45 524	13	628	44 882	45 464	60	0	0
36 166	32 373	1626	2168	36 165	1	0	0
29 036	15 299	9202	4535	27 678	0	0	1358
238	0	13	225	238	0	0	0
2763	0	274	2489	2489	0	0	274
23 886	15 299	7166	1421	23 884	0	0	2
757	0	358	400	128	0	0	629
1392	0	1392	0	939	0	0	453
24 632	6761	3708	14 163	18 610	7	0	6015
30	0	30	0	0	0	0	30
19 267	6414	2629	10 223	14 812	0	0	4455
1507	241	1049	218	76	0	0	1431
414	0	0	414	414	0	0	0
3308	0	0	3308	3308	0	0	0
106	106	0	0	0	7	0	99
17 526	91	1899	15 537	10 596	0	0	6930
16 759	91	1899	14 769	10 596	0	0	6163
767	0	0	767	0	0	0	767
3120	675	481	1964	2472	95	0	553
1951	113	112	1726	1951	0	0	0
145	0	0	145	145	0	0	0
1024	562	369	94	376	95	0	553
4108	432	1540	2136	3241	0	0	866
753	0	587	166	753	0	0	0
3355	432	953	1970	2488	0	0	866
2914	1312	657	945	1784	16	0	1114

序号	指标	行号
66	市辖区	371301
67	兰山区	371302
68	河东区	371312
69	莒南县	371327
70	德州市	371400
71	市辖区	371401
72	禹城市	371482
73	聊城市	371500
74	市辖区	371501
75	滨州市	371600
76	市辖区	371601
77	菏泽市	371700
78	市辖区	371701
79	牡丹区	371702
80	菏泽经济技术开发区	371771
81	2. 按机构所属隶属关系分布	
82	中央部门属	010
83	中国科学院	011
84	非中央部门属	020
85	省级部门属	021
86	副省级城市属	022
87	地市级部门属	023
88	3. 按机构从事的国民经济行业分布	
89	科学研究和技术服务业	M
90	研究和试验发展	73
91	专业技术服务业	74
92	科技推广和应用服务业	75
93	4. 按机构服务的国民经济行业分布	
94	农、林、牧、渔业	A
95	农业	01
96	林业	02
97	畜牧业	03
98	渔业	04

续表

R&D 经费内部支出	按活动类型分			按经费来源分			
	基础研究	应用研究	试验发展	政府资金	企业资金	国外资金	其他资金
838	0	0	838	838	0	0	0
1078	386	626	66	3	0	0	1074
958	926	31	1	902	16	0	40
41	0	0	41	41	0	0	0
1125	113	839	173	1025	0	0	100
262	0	89	173	262	0	0	0
863	113	750	0	763	0	0	100
4862	30	507	4325	4325	0	0	538
4862	30	507	4325	4325	0	0	538
2932	538	676	1719	2737	0	0	195
2932	538	676	1719	2737	0	0	195
2501	375	709	1417	2412	41	0	48
1417	0	0	1417	1417	0	0	0
375	375	0	0	285	41	0	48
709	0	709	0	709	0	0	0
275 581	110 914	97 706	66 962	218 552	31 190	224	25 615
112 331	42 078	47 144	23 109	92 407	17 517	224	2182
689 632	148 948	155 988	384 696	547 747	32 646	0	109 238
313 247	85 199	106 124	121 925	239 340	11 447	0	62 460
149 678	16 755	16 772	116 151	130 980	7323	0	11 375
153 720	37 438	13 390	102 892	138 141	3550	0	12 029
965 213	259 862	253 693	451 658	766 299	63 837	224	134 853
885 895	250 012	217 183	418 700	720 552	58 731	224	106 389
54 315	7290	26 774	20 251	30 456	1787	0	22 071
25 003	2559	9736	12 707	15 291	3319	0	6393
122 489	10 487	28 536	83 466	92 706	13 019	0	16 765
56 287	5957	13 480	36 849	33 445	11 388	0	11 453
6003	0	2637	3366	5324	0	0	679
8024	1804	1493	4728	6256	110	0	1658
37 364	689	10 576	26 100	34 207	1105	0	2053

序号	指标	行号
99	农、林、牧、渔专业及辅助性活动	05
100	制造业	C
101	农副食品加工业	13
102	食品制造业	14
103	纺织业	17
104	造纸和纸制品业	22
105	化学原料和化学制品制造业	26
106	医药制造业	27
107	化学纤维制造业	28
108	黑色金属冶炼和压延加工业	31
109	专用设备制造业	35
110	汽车制造业	36
111	铁路、船舶、航空航天和其他运输设备制造业	37
112	计算机、通信和其他电子设备制造业	39
113	仪器仪表制造业	40
114	其他制造业	41
115	建筑业	E
116	房屋建筑业	47
117	交通运输、仓储和邮政业	G
118	铁路运输业	53
119	道路运输业	54
120	信息传输、软件和信息技术服务业	I
121	软件和信息技术服务业	65
122	科学研究和技术服务业	M
123	研究和试验发展	73
124	专业技术服务业	74
125	科技推广和应用服务业	75
126	水利、环境和公共设施管理业	N
127	水利管理业	76
128	生态保护和环境治理业	77
129	教育	P
130	教育	83
131	卫生和社会工作	Q

续表

R&D经费内部支出	按活动类型分			按经费来源分			
	基础研究	应用研究	试验发展	政府资金	企业资金	国外资金	其他资金
14 811	2038	350	12 424	13 473	416	0	922
100 119	9147	21 913	69 060	55 192	10 036	0	34 891
343	0	0	343	0	343	0	0
10 358	1566	4515	4277	1300	0	0	9058
215	0	215	0	0	0	0	215
270	0	0	270	0	270	0	0
5458	188	2224	3047	3647	1269	0	541
17 834	4734	3162	9937	7065	7274	0	3494
390	0	390	0	116	0	0	274
41	0	0	41	41	0	0	0
7146	219	2308	4619	3782	0	0	3364
642	0	145	496	238	404	0	0
7132	110	90	6931	6750	382	0	0
14 257	0	1121	13 136	7571	94	0	6592
21 729	2330	7743	11 656	10 377	0	0	11 352
14 306	0	0	14 306	14 306	0	0	0
388	0	0	388	55	0	0	333
388	0	0	388	55	0	0	333
9689	86	2557	7046	3522	4396	0	1772
4621	0	1730	2891	1001	1879	0	1741
5069	86	828	4155	2521	2518	0	30
23 068	3682	10 869	8517	21 280	389	0	1399
23 068	3682	10 869	8517	21 280	389	0	1399
674 791	221 139	175 496	278 155	569 193	35 549	224	69 826
556 029	178 818	125 969	251 243	484 311	23 157	76	48 485
105 214	40 644	45 195	19 375	75 481	12 039	148	17 546
13 548	1678	4333	7538	9400	353	0	3795
13 329	1516	7197	4617	6800	0	0	6529
2461	255	687	1520	123	0	0	2338
10 868	1261	6510	3097	6677	0	0	4191
2202	2202	0	0	2202	0	0	0
2202	2202	0	0	2202	0	0	0
15 157	7623	7125	409	11 370	448	0	3339

序号	指标	行号
132	卫生	84
133	文化、体育和娱乐业	R
134	文化艺术业	88
135	公共管理、社会保障和社会组织	S
136	国家机构	92
137	5. 按机构所属学科分布	
138	自然科学	A
139	信息科学与系统科学	120
140	物理学	140
141	化学	150
142	地球科学	170
143	生物学	180
144	农业科学	B
145	农学	210
146	林学	220
147	畜牧、兽医科学	230
148	水产学	240
149	医学科学	C
150	基础医学	310
151	临床医学	320
152	预防医学与公共卫生学	330
153	药学	350
154	中医学与中药学	360
155	工程与技术科学	D
156	工程与技术科学基础学科	410
157	信息与系统科学相关工程与技术	413
158	自然科学相关工程与技术	416
159	测绘科学技术	420
160	材料科学	430
161	冶金工程技术	450
162	机械工程	460
163	动力与电气工程	470
164	能源科学技术	480

续表

R&D 经费内部支出	按活动类型分			按经费来源分			
	基础研究	应用研究	试验发展	政府资金	企业资金	国外资金	其他资金
15 157	7623	7125	409	11 370	448	0	3339
3665	3665	0	0	3665	0	0	0
3665	3665	0	0	3665	0	0	0
314	314	0	0	314	0	0	0
314	314	0	0	314	0	0	0
288 042	135 272	66 484	86 286	227 512	12 821	148	47 561
15 565	30	5626	9908	3433	244	0	11 888
28 961	8939	1471	18 552	25 750	1030	0	2182
9904	1135	4418	4351	3499	2864	0	3541
217 117	114 793	52 107	50 217	188 047	8313	148	20 611
16 495	10 375	2861	3258	6785	371	0	9339
225 937	34 677	48 461	142 799	184 746	16 403	0	24 788
163 433	28 670	28 714	106 049	127 930	15 189	0	20 315
6265	6	2689	3569	5561	0	0	703
18 267	4817	6453	6997	16 440	110	0	1717
37 972	1184	10 605	26 184	34 815	1105	0	2053
96 921	21 277	13 208	62 436	79 920	9154	0	7848
12 316	7690	2593	2033	10 105	0	0	2211
6099	2654	3445	0	2712	448	0	2939
4528	1106	3013	409	4143	0	0	386
67 761	4709	3059	59 994	57 870	8676	0	1216
6216	5119	1097	0	5090	30	0	1097
334 085	59 085	115 489	159 511	253 958	25 459	76	54 592
14 109	1243	5897	6969	12 342	785	0	981
11 752	1665	5397	4691	8851	1502	0	1399
63 421	33 650	4499	25 271	60 629	1503	0	1289
266	43	170	53	223	0	0	43
7735	1137	2828	3770	4007	935	0	2794
41	0	0	41	41	0	0	0
6849	4124	1339	1387	3283	404	0	3163
31 635	0	115	31 520	31 120	515	0	0
65 636	1844	44 762	19 030	56 366	9194	76	0

序号	指标	行号
165	核科学技术	490
166	电子与通信技术	510
167	计算机科学技术	520
168	化学工程	530
169	产品应用相关工程与技术	535
170	纺织科学技术	540
171	食品科学技术	550
172	土木建筑工程	560
173	水利工程	570
174	交通运输工程	580
175	航空、航天科学技术	590
176	环境科学技术及资源科学技术	610
177	安全科学技术	620
178	管理学	630
179	人文与社会科学	E
180	艺术学	760
181	考古学	780
182	社会学	840
183	图书馆、情报与文献学	870
184	教育学	880
185	6.按机构从业人员规模分布	
186	≥ 1000 人	00
187	500 ~ 999 人	01
188	300 ~ 499 人	02
189	200 ~ 299 人	03
190	100 ~ 199 人	04
191	50 ~ 99 人	05
192	30 ~ 49 人	06
193	20 ~ 29 人	07
194	10 ~ 19 人	08
195	0 ~ 9 人	09

续表

R&D 经费内部支出	按活动类型分			按经费来源分			
	基础研究	应用研究	试验发展	政府资金	企业资金	国外资金	其他资金
1513	0	20	1494	1511	0	0	2
33 856	2462	9091	22 303	14 343	403	0	19 110
24 733	3089	12 354	9290	24 216	517	0	0
13 172	0	7478	5694	1372	769	0	11 031
4208	948	136	3124	2848	821	0	539
489	0	489	0	0	0	0	489
2985	1579	299	1107	670	704	0	1611
1452	361	758	333	12	0	0	1440
2461	255	687	1520	123	0	0	2338
9689	86	2557	7046	3522	4396	0	1772
6644	0	0	6644	6262	382	0	0
25 339	6105	12 401	6833	19 029	2589	0	3721
30	0	30	0	0	0	0	30
6070	495	4184	1391	3187	41	0	2842
20 229	9552	10 052	625	20 164	0	0	65
673	673	0	0	673	0	0	0
3665	3665	0	0	3665	0	0	0
13 064	3011	10 052	0	13 061	0	0	3
625	0	0	625	563	0	0	62
2202	2202	0	0	2202	0	0	0
59 270	6140	5330	47 800	48 786	3369	0	7115
194 088	58 850	75 254	59 984	159 100	15 597	224	19 167
140 098	72 265	21 249	46 584	127 153	428	0	12 517
123 259	15 695	21 418	86 146	75 584	23 586	0	24 090
276 692	67 738	69 929	139 025	223 371	6681	0	46 639
125 995	32 140	47 595	46 260	99 228	8084	0	18 683
21 274	3559	5213	12 503	16 035	2348	0	2891
14 994	1109	4334	9551	9772	2613	0	2609
6604	1579	3371	1655	4843	619	0	1142
2938	787	0	2152	2428	510	0	0

表 15　R&D 经费内部支出

序号	指标	行号
1	总计	00
2	1.按机构所属地域分布	
3	山东省	370000
4	济南市	370100
5	历下区	370102
6	市中区	370103
7	槐荫区	370104
8	天桥区	370105
9	历城区	370112
10	济阳区	370115
11	平阴县	370124
12	济南高新技术产业开发区	370171
13	青岛市	370200
14	市辖区	370201
15	市南区	370202
16	市北区	370203
17	黄岛区	370211
18	崂山区	370212
19	李沧区	370213
20	城阳区	370214
21	即墨区	370215
22	青岛高新技术产业开发区	370271
23	淄博市	370300
24	市辖区	370301
25	张店区	370303
26	周村区	370306
27	枣庄市	370400
28	薛城区	370403
29	滕州市	370481
30	东营市	370500

按经费类别分（2022 年）

计量单位：万元

R&D 经费内部支出	日常性支出	人员劳务费	其他日常性支出	资产性支出	土建费	仪器与设备支出	资本化的计算机软件支出	专利和专有技术支出
965 213	707 054	379 813	327 241	258 159	120 970	134 588	1952	649
965 213	707 054	379 813	327 241	258 159	120 970	134 588	1952	649
337 375	266 036	142 994	123 042	71 339	5267	65 549	373	150
83 019	76 234	39 659	36 575	6785	162	6601	22	0
16 108	14 230	12 787	1443	1878	0	1854	24	0
12 218	10 724	7132	3592	1494	91	1303	0	100
12 432	9280	6434	2846	3153	0	3153	0	0
117 510	108 298	52 427	55 871	9213	4658	4432	94	29
3539	1502	1160	342	2038	0	2037	0	1
203	203	178	25	1	0	1	0	0
92 345	45 567	23 218	22 349	46 778	357	46 169	232	21
404 131	317 145	160 367	156 777	86 986	47 249	38 057	1335	344
2884	1846	1127	718	1038	0	1038	0	0
99 313	91 504	51 773	39 732	7809	1142	6487	125	54
4443	4329	3921	409	114	0	104	9	1
12 153	9414	3314	6100	2739	538	2201	0	0
143 623	114 144	57 833	56 311	29 479	13 635	15 166	561	118
11 952	11 281	8082	3199	671	0	577	94	0
17 358	14 766	4523	10 243	2592	0	2464	13	115
107 661	65 357	27 747	37 609	42 304	31 935	9787	534	50
4745	4505	2048	2456	241	0	234	0	7
10 115	8526	4874	3652	1589	53	1532	4	1
5839	5011	1740	3271	828	53	770	4	1
4176	3415	3081	334	762	0	762	0	0
100	100	53	47	0	0	0	0	0
1394	1358	1319	39	35	0	33	0	2
1219	1219	1218	1	0	0	0	0	0
174	139	101	38	35	0	33	0	2
2064	1889	1409	480	175	22	132	20	0

序号	指标	行号
31	市辖区	370501
32	东营区	370502
33	垦利区	370505
34	烟台市	370600
35	市辖区	370601
36	芝罘区	370602
37	福山区	370611
38	莱山区	370613
39	蓬莱区	370614
40	烟台高新技术产业开发区	370671
41	烟台经济技术开发区	370672
42	潍坊市	370700
43	市辖区	370701
44	潍城区	370702
45	坊子区	370704
46	寿光市	370783
47	昌邑市	370786
48	济宁市	370800
49	市辖区	370801
50	任城区	370811
51	兖州区	370812
52	微山县	370826
53	济宁高新技术产业开发区	370871
54	邹城市	370883
55	泰安市	370900
56	泰山区	370902
57	岱岳区	370911
58	威海市	371000
59	市辖区	371001
60	环翠区	371002
61	文登区	371003
62	日照市	371100

续表

R&D 经费内部支出	日常性支出	人员劳务费	其他日常性支出	资产性支出	土建费	仪器与设备支出	资本化的计算机软件支出	专利和专有技术支出
901	901	722	180	0	0	0	0	0
737	656	614	42	81	22	59	0	0
425	332	74	258	94	0	74	20	0
117 378	40 198	25 073	15 126	77 180	62 433	14 620	108	18
1685	1649	1154	495	36	0	36	0	0
6589	5559	4360	1198	1031	679	351	0	0
10 196	9719	6454	3265	477	0	473	0	4
16 311	15 372	9545	5828	939	0	894	30	14
908	253	93	160	655	653	2	0	0
45 524	5144	1880	3264	40 379	33 300	7001	78	0
36 166	2503	1586	917	33 663	27 800	5863	0	0
29 036	18 547	5980	12 567	10 489	1953	8525	10	2
238	216	189	27	23	0	23	0	0
2763	2763	1301	1462	0	0	0	0	0
23 886	14 028	3575	10 453	9858	1399	8448	9	2
757	719	466	254	38	0	38	0	0
1392	821	450	371	571	553	16	1	0
24 632	19 924	12 751	7173	4707	2226	2280	101	101
30	30	10	20	0	0	0	0	0
19 267	15 602	11 309	4293	3665	2226	1440	0	0
1507	1507	303	1204	0	0	0	0	0
414	414	349	66	0	0	0	0	0
3308	2266	681	1585	1042	0	840	101	101
106	106	100	7	0	0	0	0	0
17 526	14 778	11 414	3363	2749	1700	1049	0	0
16 759	14 010	10 842	3169	2749	1700	1049	0	0
767	767	572	195	0	0	0	0	0
3120	2311	1293	1018	809	30	779	0	0
1951	1699	1106	593	252	0	252	0	0
145	145	48	97	0	0	0	0	0
1024	468	139	328	556	30	526	0	0
4108	3778	2883	895	330	0	327	0	3

序号	指标	行号
63	市辖区	371101
64	东港区	371102
65	临沂市	371300
66	市辖区	371301
67	兰山区	371302
68	河东区	371312
69	莒南县	371327
70	德州市	371400
71	市辖区	371401
72	禹城市	371482
73	聊城市	371500
74	市辖区	371501
75	滨州市	371600
76	市辖区	371601
77	菏泽市	371700
78	市辖区	371701
79	牡丹区	371702
80	菏泽经济技术开发区	371771
81	**2. 按机构所属隶属关系分布**	
82	中央部门属	010
83	中国科学院	011
84	非中央部门属	020
85	省级部门属	021
86	副省级城市属	022
87	地市级部门属	023
88	**3. 按机构从事的国民经济行业分布**	
89	科学研究和技术服务业	M
90	研究和试验发展	73
91	专业技术服务业	74
92	科技推广和应用服务业	75
93	**4. 按机构服务的国民经济行业分布**	
94	农、林、牧、渔业	A

续表

R&D 经费内部支出	日常性支出	人员劳务费	其他日常性支出	资产性支出	土建费	仪器与设备支出	资本化的计算机软件支出	专利和专有技术支出
753	505	442	63	248	0	248	0	0
3355	3273	2441	832	81	0	79	0	3
2914	2773	1846	927	141	0	141	0	0
838	751	347	404	87	0	87	0	0
1078	1078	791	287	0	0	0	0	0
958	904	698	206	54	0	54	0	0
41	41	11	30	0	0	0	0	0
1125	1016	393	623	109	0	109	0	0
262	256	202	54	6	0	6	0	0
863	760	191	569	103	0	103	0	0
4862	3887	2812	1075	976	38	935	1	3
4862	3887	2812	1075	976	38	935	1	3
2932	2563	2258	306	369	0	345	0	25
2932	2563	2258	306	369	0	345	0	25
2501	2326	2147	179	176	0	176	0	0
1417	1290	1263	27	127	0	127	0	0
375	375	275	100	0	0	0	0	0
709	661	609	52	49	0	49	0	0
275 581	233 371	121 828	111 543	42 210	16 645	24 610	782	173
112 331	104 781	56 342	48 439	7550	811	6259	426	54
689 632	473 683	257 985	215 698	215 949	104 325	109 979	1170	476
313 247	264 048	140 885	123 163	49 200	20 811	28 129	129	131
149 678	84 086	41 805	42 281	65 591	19 784	44 998	807	2
153 720	71 690	48 190	23 500	82 030	62 586	19 085	211	148
965 213	707 054	379 813	327 241	258 159	120 970	134 588	1952	649
885 895	640 854	345 677	295 177	245 042	120 917	122 037	1671	416
54 315	44 974	22 834	22 140	9341	0	9110	113	118
25 003	21 227	11 303	9924	3776	53	3441	168	115
122 489	109 442	71 449	37 993	13 048	6155	6724	111	57

序号	指标	行号
95	农业	01
96	林业	02
97	畜牧业	03
98	渔业	04
99	农、林、牧、渔专业及辅助性活动	05
100	制造业	C
101	农副食品加工业	13
102	食品制造业	14
103	纺织业	17
104	造纸和纸制品业	22
105	化学原料和化学制品制造业	26
106	医药制造业	27
107	化学纤维制造业	28
108	黑色金属冶炼和压延加工业	31
109	专用设备制造业	35
110	汽车制造业	36
111	铁路、船舶、航空航天和其他运输设备制造业	37
112	计算机、通信和其他电子设备制造业	39
113	仪器仪表制造业	40
114	其他制造业	41
115	建筑业	E
116	房屋建筑业	47
117	交通运输、仓储和邮政业	G
118	铁路运输业	53
119	道路运输业	54
120	信息传输、软件和信息技术服务业	I
121	软件和信息技术服务业	65
122	科学研究和技术服务业	M
123	研究和试验发展	73
124	专业技术服务业	74
125	科技推广和应用服务业	75
126	水利、环境和公共设施管理业	N

续表

R&D 经费内部支出	日常性支出	人员劳务费	其他日常性支出	资产性支出	土建费	仪器与设备支出	资本化的计算机软件支出	专利和专有技术支出
56 287	52 951	33 924	19 027	3335	1619	1700	1	16
6003	5338	3486	1852	665	121	545	0	0
8024	7046	4937	2109	979	640	339	0	0
37 364	32 256	19 338	12 919	5108	2349	2647	110	3
14 811	11 851	9765	2086	2961	1428	1494	0	39
100 119	84 882	40 164	44 718	15 237	1841	13 378	1	17
343	343	135	209	0	0	0	0	0
10 358	8279	1836	6442	2079	0	2079	0	0
215	215	90	125	0	0	0	0	0
270	270	215	56	0	0	0	0	0
5458	4298	3509	788	1160	0	1160	0	0
17 834	16 448	6687	9761	1386	41	1328	0	17
390	379	320	59	11	0	11	0	0
41	41	11	30	0	0	0	0	0
7146	6067	4644	1423	1079	0	1079	0	0
642	634	322	311	8	0	8	0	0
7132	4252	1323	2929	2879	538	2341	0	0
14 257	13 579	2960	10 620	678	0	678	0	0
21 729	18 632	9597	9035	3097	1262	1836	0	0
14 306	11 446	8516	2930	2860	0	2859	1	0
388	340	264	76	48	0	48	0	1
388	340	264	76	48	0	48	0	1
9689	6873	3832	3042	2816	0	2808	8	0
4621	4356	2010	2345	265	0	257	8	0
5069	2518	1821	696	2551	0	2551	0	0
23 068	17 573	7508	10 065	5495	0	5492	0	3
23 068	17 573	7508	10 065	5495	0	5492	0	3
674 791	456 668	236 301	220 368	218 123	112 883	103 014	1756	471
556 029	349 535	172 327	177 208	206 495	112 790	91 969	1577	158
105 214	96 354	57 724	38 629	8860	53	8530	73	205
13 548	10 780	6249	4531	2768	40	2515	106	108
13 329	10 985	7079	3906	2344	0	2289	55	0

序号	指标	行号
127	水利管理业	76
128	生态保护和环境治理业	77
129	教育	P
130	教育	83
131	卫生和社会工作	Q
132	卫生	84
133	文化、体育和娱乐业	R
134	文化艺术业	88
135	公共管理、社会保障和社会组织	S
136	国家机构	92
137	5. 按机构所属学科分布	
138	自然科学	A
139	信息科学与系统科学	120
140	物理学	140
141	化学	150
142	地球科学	170
143	生物学	180
144	农业科学	B
145	农学	210
146	林学	220
147	畜牧、兽医科学	230
148	水产学	240
149	医学科学	C
150	基础医学	310
151	临床医学	320
152	预防医学与公共卫生学	330
153	药学	350
154	中医学与中药学	360
155	工程与技术科学	D
156	工程与技术科学基础学科	410
157	信息与系统科学相关工程与技术	413
158	自然科学相关工程与技术	416

续表

R&D 经费 内部支出	日常性 支出	人员 劳务费	其他日常 性支出	资产性 支出	土建费	仪器与 设备支出	资本化的计算 机软件支出	专利和专有 技术支出
2461	2461	2152	310	0	0	0	0	0
10 868	8524	4928	3596	2344	0	2289	55	0
2202	2202	1808	394	0	0	0	0	0
2202	2202	1808	394	0	0	0	0	0
15 157	14 109	9135	4974	1048	91	835	22	100
15 157	14 109	9135	4974	1048	91	835	22	100
3665	3665	2076	1590	0	0	0	0	0
3665	3665	2076	1590	0	0	0	0	0
314	314	198	116	0	0	0	0	0
314	314	198	116	0	0	0	0	0
288 042	219 274	116 165	103 109	68 768	37 639	30 095	844	190
15 565	14 711	9411	5301	853	218	597	21	17
28 961	20 665	13 213	7452	8297	4440	3783	74	0
9904	9411	7966	1445	493	0	493	0	0
217 117	158 360	77 679	80 681	58 757	32 981	24 854	750	173
16 495	16 127	7896	8231	368	0	367	0	1
225 937	201 625	109 527	92 098	24 312	7151	16 887	214	59
163 433	146 130	75 044	71 085	17 304	4042	13 141	104	18
6265	5596	3693	1904	668	121	547	0	0
18 267	17 050	10 907	6143	1217	640	553	0	25
37 972	32 850	19 883	12 967	5122	2349	2647	110	17
96 921	51 746	28 041	23 705	45 175	33 432	11 526	100	117
12 316	10 757	7878	2879	1559	0	1559	0	0
6099	5703	2334	3369	396	91	205	0	100
4528	4298	3613	686	230	0	208	22	0
67 761	26 035	10 431	15 603	41 727	33 341	8290	78	17
6216	4953	3785	1168	1263	0	1263	0	0
334 085	214 356	109 301	105 056	119 728	42 748	75 905	793	282
14 109	10 893	5978	4915	3216	30	2927	101	158
11 752	10 525	4895	5630	1227	0	1224	0	3
63 421	16 681	9594	7087	46 740	29 917	16 820	2	1

序号	指标	行号
159	测绘科学技术	420
160	材料科学	430
161	冶金工程技术	450
162	机械工程	460
163	动力与电气工程	470
164	能源科学技术	480
165	核科学技术	490
166	电子与通信技术	510
167	计算机科学技术	520
168	化学工程	530
169	产品应用相关工程与技术	535
170	纺织科学技术	540
171	食品科学技术	550
172	土木建筑工程	560
173	水利工程	570
174	交通运输工程	580
175	航空、航天科学技术	590
176	环境科学技术及资源科学技术	610
177	安全科学技术	620
178	管理学	630
179	人文与社会科学	E
180	艺术学	760
181	考古学	780
182	社会学	840
183	图书馆、情报与文献学	870
184	教育学	880
185	6. 按机构从业人员规模分布	
186	≥ 1000 人	00
187	500 ~ 999 人	01
188	300 ~ 499 人	02
189	200 ~ 299 人	03
190	100 ~ 199 人	04

续表

R&D 经费内部支出	日常性支出	人员劳务费	其他日常性支出	资产性支出	土建费	仪器与设备支出	资本化的计算机软件支出	专利和专有技术支出
266	248	232	16	18	0	18	0	0
7735	7160	5443	1717	575	0	567	4	3
41	41	11	30	0	0	0	0	0
6849	5855	3722	2133	995	0	995	0	0
31 635	1680	1181	499	29 956	0	29 792	163	0
65 636	50 509	22 217	28 292	15 128	10 909	3838	380	0
1513	1310	989	321	203	0	202	0	1
33 856	30 719	12 226	18 493	3137	1262	1875	0	1
24 733	19 207	9133	10 074	5526	0	5402	11	113
13 172	9779	2845	6935	3393	0	3393	0	0
4208	3769	1277	2492	439	92	344	1	3
489	489	353	136	0	0	0	0	0
2985	2948	1671	1278	37	0	32	5	0
1452	1341	1138	203	112	0	87	24	0
2461	2461	2152	310	0	0	0	0	0
9689	6873	3832	3042	2816	0	2808	8	0
6644	3961	1235	2726	2683	538	2145	0	0
25 339	22 057	14 589	7468	3282	0	3189	94	0
30	30	10	20	0	0	0	0	0
6070	5821	4579	1242	249	0	249	0	0
20 229	20 053	16 780	3273	175	0	175	0	0
673	639	615	24	34	0	34	0	0
3665	3665	2076	1590	0	0	0	0	0
13 064	12 922	11 658	1264	142	0	142	0	0
625	625	623	2	0	0	0	0	0
2202	2202	1808	394	0	0	0	0	0
59 270	58 270	21 117	37 153	1000	0	1000	0	0
194 088	169 935	93 154	76 781	24 154	2999	20 420	663	72
140 098	89 831	44 638	45 192	50 268	33 552	16 196	483	36
123 259	85 058	47 333	37 725	38 201	289	37 690	218	4
276 692	161 447	90 330	71 117	115 244	71 731	43 065	334	114

序号	指标	行号
191	50 ~ 99 人	05
192	30 ~ 49 人	06
193	20 ~ 29 人	07
194	10 ~ 19 人	08
195	0 ~ 9 人	09

续表

R&D 经费 内部支出	日常性 支出	人员 劳务费	其他日常 性支出	资产性 支出	土建费	仪器与 设备支出	资本化的计算 机软件支出	专利和专有 技术支出
125 995	106 883	61 278	45 606	19 112	10 637	8094	127	254
21 274	18 244	13 001	5244	3029	1094	1932	0	3
14 994	10 987	5734	5253	4007	62	3690	101	154
6604	5129	2595	2534	1475	606	857	2	10
2938	1269	634	636	1669	0	1644	24	1

表 16 R&D 经费

序号	指标	行号	R&D 经费外部支出
1	总计	00	57 370
2	1. 按机构所属地域分布		
3	山东省	370000	57 370
4	济南市	370100	18 930
5	历下区	370102	2212
6	市中区	370103	471
7	历城区	370112	2714
8	济南高新技术产业开发区	370171	13 533
9	青岛市	370200	32 591
10	市南区	370202	3409
11	市北区	370203	55
12	黄岛区	370211	1146
13	崂山区	370212	5845
14	李沧区	370213	61
15	城阳区	370214	159
16	即墨区	370215	21 916
17	东营市	370500	355
18	东营区	370502	265
19	垦利区	370505	90
20	烟台市	370600	544
21	芝罘区	370602	57
22	莱山区	370613	59
23	烟台高新技术产业开发区	370671	195
24	烟台经济技术开发区	370672	234
25	泰安市	370900	62
26	泰山区	370902	62
27	日照市	371100	140
28	东港区	371102	140
29	临沂市	371300	4748
30	市辖区	371301	80
31	兰山区	371302	14
32	河东区	371312	254

外部支出（2022 年）

计量单位：万元

对境内研究 机构支出	对境内高等 学校支出	对境内企业 支出	对境内其他 单位支出	对境外机构 支出
13 299	5283	34 573	2350	1865
13 299	5283	34 573	2350	1865
5027	1542	10 275	1130	956
701	845	644	0	21
0	11	253	208	0
245	556	977	0	935
4081	130	8401	922	0
7920	3253	19 521	989	909
1363	1534	511	0	0
0	0	55	0	0
0	0	212	926	9
2254	1253	2295	43	0
0	0	61	0	0
0	52	87	20	0
4303	414	16 300	0	900
0	0	197	158	0
0	0	197	68	0
0	0	0	90	0
213	229	69	34	0
15	14	0	28	0
12	7	34	6	0
150	45	0	0	0
36	163	35	0	0
4	57	1	0	0
4	57	1	0	0
0	100	0	40	0
0	100	0	40	0
135	103	4511	0	0
0	0	80	0	0
2	11	2	0	0
133	92	29	0	0

序号	指标	行号	R&D 经费外部支出
33	莒南县	371327	4400
34	2. 按机构所属隶属关系分布		
35	中央部门属	010	7451
36	非中央部门属	020	49 919
37	省级部门属	021	17 276
38	副省级城市属	022	21 364
39	地市级部门属	023	5793
40	3. 按机构从事的国民经济行业分布		
41	科学研究和技术服务业	M	57 370
42	研究和试验发展	73	51 654
43	专业技术服务业	74	59
44	科技推广和应用服务业	75	5657
45	4. 按机构服务的国民经济行业分布		
46	农、林、牧、渔业	A	6302
47	农业	01	719
48	林业	02	776
49	渔业	04	3409
50	农、林、牧、渔专业及辅助性活动	05	1399
51	制造业	C	4473
52	黑色金属冶炼和压延加工业	31	4400
53	计算机、通信和其他电子设备制造业	39	73
54	建筑业	E	115
55	房屋建筑业	47	115
56	信息传输、软件和信息技术服务业	I	1695
57	软件和信息技术服务业	65	1695
58	科学研究和技术服务业	M	44 785
59	研究和试验发展	73	42 408
60	专业技术服务业	74	1918
61	科技推广和应用服务业	75	459
62	5. 按机构所属学科分布		
63	自然科学	A	27 741
64	信息科学与系统科学	120	2136
65	物理学	140	935

对境内研究机构支出	对境内高等学校支出	对境内企业支出	对境内其他单位支出	对境外机构支出
0	0	4400	0	0
3596	2787	1025	43	0
9702	2496	33 549	2307	1865
4590	925	9884	922	956
4324	162	15 751	228	900
213	643	4745	192	0
13 299	5283	34 573	2350	1865
13 143	4747	29 592	2307	1865
2	11	3	43	0
154	525	4979	0	0
1743	2136	2417	6	0
126	360	232	0	0
242	235	300	0	0
1363	1534	511	0	0
12	7	1374	6	0
0	0	4473	0	0
0	0	4400	0	0
0	0	73	0	0
0	11	105	0	0
0	11	105	0	0
460	611	625	0	0
460	611	625	0	0
11 096	2526	26 954	2344	1865
10 946	2390	25 162	2066	1844
2	11	1634	251	21
148	125	158	28	0
6680	1516	16 666	1016	1865
264	555	1317	0	0
0	0	0	0	935

序号	指标	行号	R&D 经费外部支出
66	化学	150	21
67	地球科学	170	23 448
68	生物学	180	1201
69	农业科学	B	5483
70	农学	210	1240
71	林学	220	776
72	水产学	240	3467
73	医学科学	C	297
74	药学	350	297
75	工程与技术科学	D	23 849
76	工程与技术科学基础学科	410	1841
77	信息与系统科学相关工程与技术	413	200
78	自然科学相关工程与技术	416	14 608
79	冶金工程技术	450	4400
80	机械工程	460	140
81	动力与电气工程	470	61
82	电子与通信技术	510	161
83	计算机科学技术	520	1858
84	产品应用相关工程与技术	535	57
85	食品科学技术	550	52
86	土木建筑工程	560	471
87	6. 按机构从业人员规模分布		
88	≥ 1000 人	00	3
89	500～999 人	01	6764
90	300～499 人	02	21 778
91	200～299 人	03	1068
92	100～199 人	04	6789
93	50～99 人	05	17 918
94	30～49 人	06	157
95	20～29 人	07	2090
96	10～19 人	08	228
97	0～9 人	09	577

对境内研究 机构支出	对境内高等 学校支出	对境内企业 支出	对境内其他 单位支出	对境外机构 支出
0	0	0	0	21
6416	961	15 082	90	900
0	0	267	926	9
1878	2228	1302	74	0
261	453	458	68	0
242	235	300	0	0
1376	1541	545	6	0
150	45	102	0	0
150	45	102	0	0
4591	1494	16 504	1261	0
0	414	1427	0	0
0	0	200	0	0
4117	293	9234	965	0
0	0	4400	0	0
0	100	0	40	0
0	0	61	0	0
0	20	141	0	0
460	611	788	0	0
15	14	0	28	0
0	32	0	20	0
0	11	253	208	0
2	1	0	0	0
3476	2495	793	0	0
4546	555	15 777	0	900
122	303	435	208	0
1124	1117	2608	975	965
4014	265	12 698	942	0
0	0	157	0	0
15	14	1965	96	0
0	120	68	40	0
0	414	73	90	0

表 17　R&D

序号	指标	行号	R&D 日常性支出
1	总计	00	707 054
2	1. 按机构所属地域分布		
3	山东省	370000	707 054
4	济南市	370100	266 036
5	历下区	370102	76 234
6	市中区	370103	14 230
7	槐荫区	370104	10 724
8	天桥区	370105	9280
9	历城区	370112	108 298
10	济阳区	370115	1502
11	平阴县	370124	203
12	济南高新技术产业开发区	370171	45 567
13	青岛市	370200	317 145
14	市辖区	370201	1846
15	市南区	370202	91 504
16	市北区	370203	4329
17	黄岛区	370211	9414
18	崂山区	370212	114 144
19	李沧区	370213	11 281
20	城阳区	370214	14 766
21	即墨区	370215	65 357
22	青岛高新技术产业开发区	370271	4505
23	淄博市	370300	8526
24	市辖区	370301	5011
25	张店区	370303	3415
26	周村区	370306	100
27	枣庄市	370400	1358
28	薛城区	370403	1219
29	滕州市	370481	139
30	东营市	370500	1889
31	市辖区	370501	901
32	东营区	370502	656

日常性支出（2022 年）

计量单位：万元

按活动类型分组			按来源分组				
基础研究	应用研究	试验发展	政府资金	企业资金	事业单位资金	国外资金	其他资金
182 681	211 218	313 155	532 648	59 771	95 080	209	19 347
182 681	211 218	313 155	532 648	59 771	95 080	209	19 347
50 565	74 178	141 293	194 149	20 726	48 916	0	2246
18 681	26 281	31 272	49 958	4129	22 146	0	0
2961	10 930	339	13 350	0	880	0	0
4508	4624	1593	9399	0	1326	0	0
4016	1053	4211	3658	2970	2652	0	0
18 004	20 002	70 292	84 081	3833	18 165	0	2219
0	17	1485	1308	191	0	0	2
0	0	203	178	0	0	0	25
2396	11 271	31 900	32 217	9602	3748	0	0
100 307	113 415	103 423	236 974	34 905	28 397	209	16 659
0	1625	221	0	0	1846	0	0
36 003	30 472	25 030	77 067	8349	5947	139	3
0	4275	54	4029	0	301	0	0
4090	0	5324	3579	382	5453	0	0
25 617	60 206	28 321	81 399	18 716	2697	70	11 261
785	3567	6928	7353	687	3241	0	0
676	6680	7410	3342	4478	1551	0	5396
32 698	4161	28 497	59 557	824	4975	0	0
438	2429	1638	649	1470	2386	0	0
100	764	7662	6304	1226	996	0	0
100	320	4590	3799	1211	1	0	0
0	443	2972	2405	15	995	0	0
0	0	100	100	0	0	0	0
0	0	1358	1358	0	0	0	0
0	0	1219	1219	0	0	0	0
0	0	139	139	0	0	0	0
1124	681	84	1503	0	361	0	25
856	0	45	540	0	361	0	0
25	631	0	631	0	0	0	25

序号	指标	行号	R&D 日常性支出
33	垦利区	370505	332
34	烟台市	370600	40 198
35	市辖区	370601	1649
36	芝罘区	370602	5559
37	福山区	370611	9719
38	莱山区	370613	15 372
39	蓬莱区	370614	253
40	烟台高新技术产业开发区	370671	5144
41	烟台经济技术开发区	370672	2503
42	潍坊市	370700	18 547
43	市辖区	370701	216
44	潍城区	370702	2763
45	坊子区	370704	14 028
46	寿光市	370783	719
47	昌邑市	370786	821
48	济宁市	370800	19 924
49	市辖区	370801	30
50	任城区	370811	15 602
51	兖州区	370812	1507
52	微山县	370826	414
53	济宁高新技术产业开发区	370871	2266
54	邹城市	370883	106
55	泰安市	370900	14 778
56	泰山区	370902	14 010
57	岱岳区	370911	767
58	威海市	371000	2311
59	市辖区	371001	1699
60	环翠区	371002	145
61	文登区	371003	468
62	日照市	371100	3778
63	市辖区	371101	505
64	东港区	371102	3273
65	临沂市	371300	2773

续表

按活动类型分组			按来源分组				
基础研究	应用研究	试验发展	政府资金	企业资金	事业单位资金	国外资金	其他资金
243	50	39	332	0	0	0	0
12 709	7167	20 322	32 593	2773	4833	0	0
1348	301	0	1348	301	0	0	0
1137	2240	2182	3962	0	1597	0	0
50	806	8864	6483	0	3236	0	0
7835	3305	4232	12 931	2441	0	0	0
93	81	79	253	0	0	0	0
7	322	4815	5115	29	0	0	0
2240	113	150	2501	1	0	0	0
8985	5644	3918	17 199	0	1053	0	295
0	12	204	216	0	0	0	0
0	274	2489	2489	0	274	0	0
8985	4208	835	14 026	0	2	0	0
0	329	391	100	0	325	0	295
0	821	0	369	0	452	0	0
5785	3225	10 915	17 430	7	2487	0	0
0	30	0	0	0	30	0	0
5438	2147	8017	14 674	0	927	0	0
241	1049	218	76	0	1431	0	0
0	0	414	414	0	0	0	0
0	0	2266	2266	0	0	0	0
106	0	0	0	7	99	0	0
81	1411	13 285	9216	0	5561	0	0
81	1411	12 518	9216	0	4794	0	0
0	0	767	0	0	767	0	0
325	244	1741	2219	92	0	0	0
69	76	1554	1699	0	0	0	0
0	0	145	145	0	0	0	0
256	168	43	376	92	0	0	0
431	1322	2025	2974	0	804	0	0
0	401	104	505	0	0	0	0
431	922	1921	2469	0	804	0	0
1260	656	857	1697	2	1074	0	0

序号	指标	行号	R&D 日常性支出
66	市辖区	371301	751
67	兰山区	371302	1078
68	河东区	371312	904
69	莒南县	371327	41
70	德州市	371400	1016
71	市辖区	371401	256
72	禹城市	371482	760
73	聊城市	371500	3887
74	市辖区	371501	3887
75	滨州市	371600	2563
76	市辖区	371601	2563
77	菏泽市	371700	2326
78	市辖区	371701	1290
79	牡丹区	371702	375
80	菏泽经济技术开发区	371771	661
81	2. 按机构所属隶属关系分布		
82	中央部门属	010	233 371
83	中国科学院	011	104 781
84	非中央部门属	020	473 683
85	省级部门属	021	264 048
86	副省级城市属	022	84 086
87	地市级部门属	023	71 690
88	3. 按机构从事的国民经济行业分布		
89	科学研究和技术服务业	M	707 054
90	研究和试验发展	73	640 854
91	专业技术服务业	74	44 974
92	科技推广和应用服务业	75	21 227
93	4. 按机构服务的国民经济行业分布		
94	农、林、牧、渔业	A	109 442
95	农业	01	52 951
96	林业	02	5338
97	畜牧业	03	7046
98	渔业	04	32 256

续表

按活动类型分组			按来源分组				
基础研究	应用研究	试验发展	政府资金	企业资金	事业单位资金	国外资金	其他资金
0	0	751	751	0	0	0	0
386	626	66	3	0	1074	0	0
874	29	1	902	2	0	0	0
0	0	41	41	0	0	0	0
110	737	169	1016	0	0	0	0
0	87	169	256	0	0	0	0
110	650	0	760	0	0	0	0
30	456	3400	3400	0	487	0	0
30	456	3400	3400	0	487	0	0
494	656	1413	2379	0	62	0	122
494	656	1413	2379	0	62	0	122
375	661	1290	2236	41	48	0	0
0	0	1290	1290	0	0	0	0
375	0	0	285	41	48	0	0
0	661	0	661	0	0	0	0
88 757	85 505	59 109	181 859	29 785	5113	209	16 405
39 598	43 784	21 399	86 071	16 367	2134	209	0
93 924	125 713	254 047	350 789	29 986	89 967	0	2942
69 027	85 628	109 394	200 561	11 249	51 272	0	965
9114	14 956	60 016	68 254	4999	10 577	0	256
7109	9690	54 892	57 763	3519	10 286	0	122
182 681	211 218	313 155	532 648	59 771	95 080	209	19 347
173 864	182 658	284 331	493 137	54 735	79 123	209	13 650
6334	20 940	17 701	26 474	1757	11 323	0	5421
2483	7620	11 124	13 037	3280	4634	0	276
9385	25 802	74 255	82 401	12 764	14 252	0	25
5757	13 017	34 178	31 945	11 134	9847	0	25
0	2294	3044	4687	0	651	0	0
1498	1237	4311	5339	110	1597	0	0
400	8930	22 927	29 100	1105	2052	0	0

序号	指标	行号	R&D日常性支出
99	农、林、牧、渔专业及辅助性活动	05	11 851
100	制造业	C	84 882
101	农副食品加工业	13	343
102	食品制造业	14	8279
103	纺织业	17	215
104	造纸和纸制品业	22	270
105	化学原料和化学制品制造业	26	4298
106	医药制造业	27	16 448
107	化学纤维制造业	28	379
108	黑色金属冶炼和压延加工业	31	41
109	专用设备制造业	35	6067
110	汽车制造业	36	634
111	铁路、船舶、航空航天和其他运输设备制造业	37	4252
112	计算机、通信和其他电子设备制造业	39	13 579
113	仪器仪表制造业	40	18 632
114	其他制造业	41	11 446
115	建筑业	E	340
116	房屋建筑业	47	340
117	交通运输、仓储和邮政业	G	6873
118	铁路运输业	53	4356
119	道路运输业	54	2518
120	信息传输、软件和信息技术服务业	I	17 573
121	软件和信息技术服务业	65	17 573
122	科学研究和技术服务业	M	456 668
123	研究和试验发展	73	349 535
124	专业技术服务业	74	96 354
125	科技推广和应用服务业	75	10 780
126	水利、环境和公共设施管理业	N	10 985
127	水利管理业	76	2461
128	生态保护和环境治理业	77	8524
129	教育	P	2202
130	教育	83	2202
131	卫生和社会工作	Q	14 109

续表

按活动类型分组			按来源分组				
基础研究	应用研究	试验发展	政府资金	企业资金	事业单位资金	国外资金	其他资金
1731	324	9796	11 330	416	105	0	0
8314	18 402	58 166	46 442	9941	23 104	0	5396
0	0	343	0	343	0	0	0
1547	3379	3354	1273	0	1611	0	5396
0	215	0	0	0	215	0	0
0	0	270	0	270	0	0	0
178	1686	2434	2616	1173	508	0	0
4595	2886	8967	6907	7274	2266	0	0
0	379	0	105	0	274	0	0
0	0	41	41	0	0	0	0
169	2044	3854	2715	0	3352	0	0
0	143	490	230	404	0	0	0
66	54	4133	3871	382	0	0	0
0	443	13 136	6893	94	6592	0	0
1760	7173	9699	10 346	0	8286	0	0
0	0	11 446	11 446	0	0	0	0
0	0	340	54	0	286	0	0
0	0	340	54	0	286	0	0
43	2042	4789	983	4396	1494	0	0
0	1631	2725	983	1879	1494	0	0
43	411	2064	0	2518	0	0	0
2925	8085	6564	16 094	388	1091	0	0
2925	8085	6564	16 094	388	1091	0	0
147 213	143 835	165 620	364 824	31 835	45 875	209	13 926
107 384	100 900	141 251	285 901	20 081	29 705	70	13 779
38 218	39 781	18 355	70 843	11 440	13 907	139	25
1612	3155	6014	8081	314	2263	0	122
1483	6490	3013	4940	0	6046	0	0
255	687	1520	123	0	2338	0	0
1228	5803	1493	4817	0	3707	0	0
2202	0	0	2202	0	0	0	0
2202	0	0	2202	0	0	0	0
7137	6563	409	10 728	448	2933	0	0

序号	指标	行号	R&D 日常性支出
132	卫生	84	14 109
133	文化、体育和娱乐业	R	3665
134	文化艺术业	88	3665
135	公共管理、社会保障和社会组织	S	314
136	国家机构	92	314
137	5. 按机构所属学科分布		
138	自然科学	A	219 274
139	信息科学与系统科学	120	14 711
140	物理学	140	20 665
141	化学	150	9411
142	地球科学	170	158 360
143	生物学	180	16 127
144	农业科学	B	201 625
145	农学	210	146 130
146	林学	220	5596
147	畜牧、兽医科学	230	17 050
148	水产学	240	32 850
149	医学科学	C	51 746
150	基础医学	310	10 757
151	临床医学	320	5703
152	预防医学与公共卫生学	330	4298
153	药学	350	26 035
154	中医学与中药学	360	4953
155	工程与技术科学	D	214 356
156	工程与技术科学基础学科	410	10 893
157	信息与系统科学相关工程与技术	413	10 525
158	自然科学相关工程与技术	416	16 681
159	测绘科学技术	420	248
160	材料科学	430	7160
161	冶金工程技术	450	41
162	机械工程	460	5855
163	动力与电气工程	470	1680
164	能源科学技术	480	50 509

按活动类型分组			按来源分组				
基础研究	应用研究	试验发展	政府资金	企业资金	事业单位资金	国外资金	其他资金
7137	6563	409	10 728	448	2933	0	0
3665	0	0	3665	0	0	0	0
3665	0	0	3665	0	0	0	0
314	0	0	314	0	0	0	0
314	0	0	314	0	0	0	0
101 082	55 826	62 366	165 606	12 245	28 768	139	12 515
28	5355	9328	3343	244	9619	0	1505
3625	1436	15 604	17 506	1024	2134	0	0
1088	4080	4244	3163	2710	3538	0	0
86 127	42 243	29 990	134 912	7896	4404	139	11 010
10 214	2712	3201	6683	371	9073	0	0
27 300	42 291	132 034	163 470	16 135	20 614	0	1406
21 967	24 880	99 283	113 572	14 920	16 256	0	1382
6	2344	3247	4920	0	651	0	25
4432	6114	6503	15 284	110	1655	0	0
895	8953	23 002	29 694	1105	2052	0	0
19 416	11 704	20 627	36 672	9153	5921	0	0
7104	2071	1582	8946	0	1811	0	0
2603	3100	0	2322	448	2933	0	0
1026	2863	409	3913	0	386	0	0
4616	2783	18 636	17 262	8675	97	0	0
4067	887	0	4229	30	695	0	0
25 408	91 444	97 504	146 911	22 239	39 715	70	5423
882	4746	5265	9721	751	421	0	0
1469	4820	4236	7932	1502	1091	0	0
3125	2283	11 273	14 707	1502	472	0	0
25	170	53	223	0	0	0	25
916	2648	3596	3494	885	2781	0	0
0	0	41	41	0	0	0	0
3879	628	1348	2424	404	3027	0	0
0	5	1674	1646	33	0	0	0
1352	33 171	15 986	43 661	6779	0	70	0

序号	指标	行号	R&D 日常性支出
165	核科学技术	490	1310
166	电子与通信技术	510	30 719
167	计算机科学技术	520	19 207
168	化学工程	530	9779
169	产品应用相关工程与技术	535	3769
170	纺织科学技术	540	489
171	食品科学技术	550	2948
172	土木建筑工程	560	1341
173	水利工程	570	2461
174	交通运输工程	580	6873
175	航空、航天科学技术	590	3961
176	环境科学技术及资源科学技术	610	22 057
177	安全科学技术	620	30
178	管理学	630	5821
179	人文与社会科学	E	20 053
180	艺术学	760	639
181	考古学	780	3665
182	社会学	840	12 922
183	图书馆、情报与文献学	870	625
184	教育学	880	2202
185	6. 按机构从业人员规模分布		
186	≥ 1000 人	00	58 270
187	500 ~ 999 人	01	169 935
188	300 ~ 499 人	02	89 831
189	200 ~ 299 人	03	85 058
190	100 ~ 199 人	04	161 447
191	50 ~ 99 人	05	106 883
192	30 ~ 49 人	06	18 244
193	20 ~ 29 人	07	10 987
194	10 ~ 19 人	08	5129
195	0 ~ 9 人	09	1269

续表

按活动类型分组			按来源分组				
基础研究	应用研究	试验发展	政府资金	企业资金	事业单位资金	国外资金	其他资金
0	17	1293	1308	0	0	0	2
1881	8492	20 346	14 307	379	16 033	0	0
2515	9448	7245	18 704	504	0	0	0
0	5347	4432	1196	723	2464	0	5396
948	86	2735	2632	819	318	0	0
0	489	0	0	0	489	0	0
1560	293	1096	639	699	1611	0	0
361	694	286	6	0	1335	0	0
255	687	1520	123	0	2338	0	0
43	2042	4789	983	4396	1494	0	0
0	0	3961	3579	382	0	0	0
5703	11 385	4969	16 408	2441	3208	0	0
0	30	0	0	0	30	0	0
495	3966	1360	3178	41	2602	0	0
9476	9953	625	19 989	0	62	0	3
639	0	0	639	0	0	0	0
3665	0	0	3665	0	0	0	0
2969	9953	0	12 919	0	0	0	3
0	0	625	563	0	62	0	0
2202	0	0	2202	0	0	0	0
6037	5240	46 993	47 786	3369	6150	0	965
51 790	66 130	52 014	137 990	14 600	6127	209	11 010
45 059	17 630	27 142	77 654	428	11 749	0	0
14 546	19 597	50 915	40 750	22 702	21 607	0	0
29 071	56 620	75 757	120 909	6434	28 457	0	5647
30 354	35 882	40 647	81 518	8047	15 939	0	1381
2919	3944	11 381	13 572	2344	2328	0	0
822	3897	6269	8044	778	1871	0	295
1390	2278	1461	3664	562	853	0	50
694	0	576	761	508	0	0	0

表 18

序号	指标	行号	专利申请受理数
			件
1	总计	00	4384
2	1.按机构所属地域分布		
3	山东省	370000	4384
4	济南市	370100	1938
5	历下区	370102	786
6	市中区	370103	60
7	槐荫区	370104	60
8	天桥区	370105	155
9	历城区	370112	451
10	济阳区	370115	9
11	济南高新技术产业开发区	370171	417
12	青岛市	370200	1210
13	市辖区	370201	4
14	市南区	370202	250
15	市北区	370203	14
16	黄岛区	370211	26
17	崂山区	370212	545
18	李沧区	370213	69
19	城阳区	370214	46
20	即墨区	370215	236
21	青岛高新技术产业开发区	370271	20
22	莱西市	370285	0
23	淄博市	370300	81
24	市辖区	370301	38
25	张店区	370303	43
26	周村区	370306	0
27	枣庄市	370400	12
28	薛城区	370403	8
29	滕州市	370481	4
30	东营市	370500	23

专利（2022 年）

	专利授权数			拥有有效发明专利总数	专利所有权转让及许可数	专利所有权转让及许可收入
#发明专利		#发明专利	#国外授权			
件	件	件	件	件	件	万元
3008	4069	2414	199	10 557	182	1079
3008	4069	2414	199	10 557	182	1079
1383	1771	1010	77	4213	80	276
547	769	438	25	1850	52	129
42	24	17	0	63	0	0
56	50	24	0	154	0	0
95	116	58	4	177	4	0
342	499	333	44	1361	17	147
4	5	0	0	5	0	0
297	308	140	4	603	7	0
947	1338	985	82	4130	61	371
4	44	41	0	67	0	0
175	248	160	18	1081	26	298
11	14	11	0	54	0	0
20	10	7	0	27	0	0
466	612	509	42	1616	16	56
33	113	47	7	335	13	2
37	45	26	8	109	6	15
185	241	178	7	821	0	0
16	11	6	0	15	0	0
0	0	0	0	5	0	0
32	103	28	0	54	0	0
14	20	4	0	24	0	0
18	74	21	0	27	0	0
0	9	3	0	3	0	0
5	10	3	0	15	2	200
1	7	0	0	5	0	0
4	3	3	0	10	2	200
12	20	9	0	53	0	0

序号	指标	行号	专利申请受理数
			件
31	市辖区	370501	9
32	东营区	370502	5
33	垦利区	370505	9
34	烟台市	370600	342
35	市辖区	370601	9
36	芝罘区	370602	111
37	福山区	370611	73
38	莱山区	370613	100
39	蓬莱区	370614	2
40	烟台高新技术产业开发区	370671	17
41	烟台经济技术开发区	370672	30
42	潍坊市	370700	53
43	市辖区	370701	6
44	潍城区	370702	9
45	寒亭区	370703	8
46	坊子区	370704	16
47	寿光市	370783	12
48	昌邑市	370786	2
49	济宁市	370800	203
50	市辖区	370801	16
51	任城区	370811	84
52	兖州区	370812	95
53	微山县	370826	0
54	济宁高新技术产业开发区	370871	2
55	邹城市	370883	6
56	泰安市	370900	81
57	泰山区	370902	40
58	岱岳区	370911	41
59	威海市	371000	58
60	市辖区	371001	26
61	环翠区	371002	7
62	文登区	371003	24

续表

| 专利授权数 | | | | 拥有有效发明专利总数 | 专利所有权转让及许可数 | 专利所有权转让及许可收入 |
| #发明专利 | | #发明专利 | #国外授权 | | | |
件	件	件	件	件	件	万元
3	9	3	0	42	0	0
1	5	1	0	5	0	0
8	6	5	0	6	0	0
201	251	128	3	766	9	203
9	3	3	0	6	0	0
47	54	21	2	76	2	173
27	73	24	1	124	5	30
69	119	78	0	555	2	0
2	1	1	0	4	0	0
17	0	0	0	0	0	0
30	1	1	0	1	0	0
46	31	21	2	89	0	0
6	9	6	1	50	0	0
8	1	0	0	0	0	0
3	8	3	0	14	0	0
16	3	3	1	3	0	0
11	8	7	0	18	0	0
2	2	2	0	4	0	0
146	144	96	9	242	26	0
0	16	0	0	0	0	0
53	65	53	7	188	26	0
85	55	35	2	45	0	0
0	1	1	0	2	0	0
2	2	2	0	2	0	0
6	5	5	0	5	0	0
33	107	30	20	378	2	30
19	74	24	20	369	2	30
14	33	6	0	9	0	0
40	34	18	2	59	0	0
12	21	7	1	47	0	0
4	4	3	1	4	0	0
24	8	8	0	8	0	0

序号	指标	行号	专利申请受理数
			件
63	乳山市	371083	1
64	日照市	371100	40
65	市辖区	371101	7
66	东港区	371102	33
67	临沂市	371300	145
68	市辖区	371301	69
69	兰山区	371302	25
70	河东区	371312	48
71	莒南县	371327	3
72	德州市	371400	49
73	市辖区	371401	32
74	齐河县	371425	7
75	禹城市	371482	10
76	聊城市	371500	41
77	市辖区	371501	41
78	滨州市	371600	53
79	市辖区	371601	53
80	菏泽市	371700	55
81	市辖区	371701	15
82	牡丹区	371702	5
83	菏泽经济技术开发区	371771	35
84	2.按机构所属隶属关系分布		
85	中央部门属	010	832
86	中国科学院	011	422
87	非中央部门属	020	3552
88	省级部门属	021	2034
89	副省级城市属	022	357
90	地市级部门属	023	699
91	3.按机构从事的国民经济行业分布		
92	科学研究和技术服务业	M	4384
93	研究和试验发展	73	3513
94	专业技术服务业	74	636

续表

#发明专利	专利授权数			拥有有效发明专利总数	专利所有权转让及许可数	专利所有权转让及许可收入
		#发明专利	#国外授权			
件	件	件	件	件	件	万元
0	1	0	0	0	0	0
17	38	12	0	60	0	0
1	6	0	0	10	0	0
16	32	12	0	50	0	0
59	65	23	1	280	0	0
32	12	12	0	261	0	0
8	19	4	0	11	0	0
16	33	6	1	7	0	0
3	1	1	0	1	0	0
37	26	12	3	20	0	0
28	24	10	3	10	0	0
7	2	2	0	10	0	0
2	0	0	0	0	0	0
25	14	6	0	14	0	0
25	14	6	0	14	0	0
11	56	16	0	155	2	0
11	56	16	0	155	2	0
14	61	17	0	29	0	0
8	18	6	0	17	0	0
5	11	11	0	11	0	0
1	32	0	0	1	0	0
686	976	727	69	3159	40	349
375	432	343	2	1782	14	208
2322	3093	1687	130	7398	142	731
1354	2029	1189	117	5279	111	309
268	261	120	1	548	3	5
346	528	183	8	966	8	202
3008	4069	2414	199	10 557	182	1079
2545	3376	2102	180	9845	167	859
310	489	173	14	441	0	0

序号	指标	行号	专利申请受理数
			件
95	科技推广和应用服务业	75	235
96	4.按机构服务的国民经济行业分布		
97	农、林、牧、渔业	A	701
98	农业	01	275
99	林业	02	65
100	畜牧业	03	12
101	渔业	04	156
102	农、林、牧、渔专业及辅助性活动	05	193
103	制造业	C	631
104	农副食品加工业	13	5
105	食品制造业	14	20
106	纺织业	17	0
107	造纸和纸制品业	22	0
108	化学原料和化学制品制造业	26	49
109	医药制造业	27	188
110	黑色金属冶炼和压延加工业	31	3
111	专用设备制造业	35	98
112	汽车制造业	36	14
113	铁路、船舶、航空航天和其他运输设备制造业	37	31
114	计算机、通信和其他电子设备制造业	39	17
115	仪器仪表制造业	40	163
116	其他制造业	41	43
117	建筑业	E	1
118	房屋建筑业	47	1
119	交通运输、仓储和邮政业	G	114
120	铁路运输业	53	10
121	道路运输业	54	104
122	信息传输、软件和信息技术服务业	I	260
123	软件和信息技术服务业	65	260
124	科学研究和技术服务业	M	2486
125	研究和试验发展	73	1441
126	专业技术服务业	74	848

	专利授权数			拥有有效发明 专利总数	专利所有权 转让及许可数	专利所有权 转让及许可收入
#发明专利		#发明专利	#国外授权			
件	件	件	件	件	件	万元
153	204	139	5	271	15	220
373	729	380	63	2639	43	173
151	316	175	40	1330	20	62
30	23	21	0	218	0	0
11	27	19	5	129	1	1
95	213	110	17	642	22	110
86	150	55	1	320	0	0
441	563	370	31	1731	62	10
5	5	5	0	5	0	0
20	22	16	10	67	3	0
0	0	0	0	12	0	0
0	0	0	0	1	0	0
42	27	21	4	84	5	0
115	166	91	6	480	10	3
3	1	1	0	1	0	0
45	129	58	3	205	4	0
6	15	9	0	15	0	0
23	14	9	0	36	0	0
15	8	3	0	33	0	0
128	168	149	8	783	40	6
39	8	8	0	9	0	0
0	6	1	0	47	0	0
0	6	1	0	47	0	0
58	95	42	0	100	0	0
8	1	1	0	3	0	0
50	94	41	0	97	0	0
248	132	124	0	406	7	16
248	132	124	0	406	7	16
1810	2335	1421	102	5299	69	873
1259	1366	1029	85	3958	48	285
433	811	298	12	1084	10	201

序号	指标	行号	专利申请受理数
			件
127	科技推广和应用服务业	75	197
128	水利、环境和公共设施管理业	N	150
129	水利管理业	76	98
130	生态保护和环境治理业	77	49
131	公共设施管理业	78	3
132	卫生和社会工作	Q	41
133	卫生	84	41
134	5. 按机构所属学科分布		
135	自然科学	A	805
136	信息科学与系统科学	120	73
137	物理学	140	60
138	化学	150	38
139	地球科学	170	559
140	生物学	180	75
141	农业科学	B	992
142	农学	210	611
143	林学	220	71
144	畜牧、兽医科学	230	97
145	水产学	240	213
146	医学科学	C	305
147	基础医学	310	26
148	临床医学	320	23
149	预防医学与公共卫生学	330	8
150	药学	350	224
151	中医学与中药学	360	24
152	工程与技术科学	D	2274
153	工程与技术科学基础学科	410	267
154	信息与系统科学相关工程与技术	413	108
155	自然科学相关工程与技术	416	260
156	测绘科学技术	420	43
157	材料科学	430	105
158	冶金工程技术	450	3

	专利授权数			拥有有效发明专利总数	专利所有权转让及许可数	专利所有权转让及许可收入
#发明专利		#发明专利	#国外授权			
件	件	件	件	件	件	万元
118	158	94	5	257	11	387
56	187	59	3	218	0	0
36	137	22	2	102	0	0
19	48	35	1	114	0	0
1	2	2	0	2	0	0
22	22	17	0	117	1	9
22	22	17	0	117	1	9
634	730	532	48	1907	19	235
50	32	26	0	75	3	5
55	12	9	0	11	0	0
27	71	52	3	217	5	8
438	542	377	41	1264	8	219
64	73	68	4	340	3	3
610	1110	611	101	3611	58	320
410	684	388	63	2440	35	209
34	26	24	0	221	0	0
44	150	78	21	249	1	1
122	250	121	17	701	22	110
196	216	120	3	568	9	10
15	18	12	0	19	0	0
16	7	7	0	104	1	9
4	6	3	0	8	0	0
137	173	87	3	363	7	0
24	12	11	0	74	1	1
1562	2010	1150	47	4455	92	468
118	254	55	0	131	0	0
105	75	59	0	107	0	0
187	179	117	4	572	4	0
33	28	25	0	35	0	0
87	108	79	4	236	18	230
3	1	1	0	1	0	0

序号	指标	行号	专利申请受理数
			件
159	机械工程	460	38
160	动力与电气工程	470	20
161	能源科学技术	480	297
162	核科学技术	490	9
163	电子与通信技术	510	169
164	计算机科学技术	520	226
165	化学工程	530	21
166	产品应用相关工程与技术	535	105
167	纺织科学技术	540	0
168	食品科学技术	550	23
169	土木建筑工程	560	2
170	水利工程	570	98
171	交通运输工程	580	114
172	航空、航天科学技术	590	20
173	环境科学技术及资源科学技术	610	180
174	安全科学技术	620	66
175	管理学	630	100
176	人文与社会科学	E	8
177	图书馆、情报与文献学	870	8
178	6.按机构从业人员规模分布		
179	≥ 1000 人	00	143
180	500 ~ 999 人	01	821
181	300 ~ 499 人	02	371
182	200 ~ 299 人	03	636
183	100 ~ 199 人	04	1337
184	50 ~ 99 人	05	653
185	30 ~ 49 人	06	150
186	20 ~ 29 人	07	126
187	10 ~ 19 人	08	117
188	0 ~ 9 人	09	30

续表

#发明专利	专利授权数	#发明专利	#国外授权	拥有有效发明专利总数	专利所有权转让及许可数	专利所有权转让及许可收入
件	件	件	件	件	件	万元
22	31	17	0	39	0	0
19	5	2	0	8	0	0
274	278	238	6	873	10	24
4	5	0	0	5	0	0
133	182	155	8	829	47	26
214	116	96	1	400	7	16
21	69	56	10	102	0	0
76	52	31	0	85	1	172
0	0	0	0	12	0	0
22	20	19	5	74	3	0
1	5	1	0	45	0	0
36	137	22	2	102	0	0
58	95	42	0	100	0	0
14	8	5	0	14	0	0
70	178	82	0	588	2	0
16	74	17	0	24	0	0
49	110	31	7	73	0	0
6	3	1	0	16	4	47
6	3	1	0	16	4	47
137	173	143	17	781	13	147
652	825	583	48	2235	38	349
234	268	122	9	441	0	0
371	747	395	18	1954	18	30
885	1254	693	76	3179	73	69
432	529	313	25	1434	27	98
85	130	69	5	295	2	200
102	71	54	0	115	5	172
84	48	25	1	91	6	15
26	24	17	0	32	0	0

表 19 论文、著作

序号	指标	行号	科技论文	
				#国外发表
			篇	篇
1	总计	00	8822	4514
2	1.按机构所属地域分布			
3	山东省	370000	8822	4514
4	济南市	370100	2927	1186
5	历下区	370102	1279	585
6	市中区	370103	42	5
7	槐荫区	370104	223	106
8	天桥区	370105	172	39
9	历城区	370112	755	299
10	济阳区	370115	10	9
11	平阴县	370124	2	0
12	济南高新技术产业开发区	370171	444	143
13	青岛市	370200	3906	2682
14	市辖区	370201	0	0
15	市南区	370202	1669	1220
16	市北区	370203	25	4
17	黄岛区	370211	73	73
18	崂山区	370212	1221	960
19	李沧区	370213	89	26
20	城阳区	370214	83	29
21	即墨区	370215	679	354
22	青岛高新技术产业开发区	370271	67	16
23	莱西市	370285	0	0
24	淄博市	370300	117	23
25	市辖区	370301	53	16
26	张店区	370303	64	7
27	枣庄市	370400	21	0
28	薛城区	370403	16	0
29	滕州市	370481	5	0
30	东营市	370500	32	13
31	市辖区	370501	7	2
32	东营区	370502	7	0

及其他科技产出（2022 年）

科技著作	形成国家或行业标准数	集成电路布图设计登记数	植物新品种权授予数	软件著作权数	新药证书数
种	项	件	项	件	件
235	265	0	90	1204	1
235	265	0	90	1204	1
77	179	0	50	640	1
30	92	0	5	255	0
4	1	0	0	71	0
1	0	0	0	13	0
9	1	0	0	36	0
25	33	0	45	121	1
0	0	0	0	8	0
0	0	0	0	0	0
8	52	0	0	136	0
86	54	0	8	286	0
0	2	0	0	0	0
26	30	0	0	55	0
1	3	0	0	0	0
0	2	0	0	4	0
19	7	0	0	116	0
3	4	0	8	34	0
2	1	0	0	11	0
34	2	0	0	60	0
1	0	0	0	6	0
0	3	0	0	0	0
5	8	0	0	1	0
0	1	0	0	0	0
5	7	0	0	1	0
11	0	0	0	2	0
11	0	0	0	2	0
0	0	0	0	0	0
1	1	0	0	8	0
1	1	0	0	0	0
0	0	0	0	6	0

序号	指标	行号	科技论文	#国外发表
			篇	篇
33	垦利区	370505	18	11
34	烟台市	370600	729	381
35	市辖区	370601	19	19
36	芝罘区	370602	92	5
37	福山区	370611	212	38
38	莱山区	370613	255	181
39	蓬莱区	370614	9	1
40	烟台高新技术产业开发区	370671	67	67
41	烟台经济技术开发区	370672	75	70
42	潍坊市	370700	127	59
43	市辖区	370701	42	0
44	潍城区	370702	6	0
45	寒亭区	370703	5	0
46	坊子区	370704	65	58
47	奎文区	370705	3	0
48	寿光市	370783	5	1
49	昌邑市	370786	1	0
50	济宁市	370800	179	37
51	市辖区	370801	19	0
52	任城区	370811	94	32
53	兖州区	370812	66	5
54	济宁高新技术产业开发区	370871	0	0
55	泰安市	370900	233	40
56	泰山区	370902	198	36
57	岱岳区	370911	35	4
58	威海市	371000	115	56
59	市辖区	371001	46	4
60	环翠区	371002	44	36
61	文登区	371003	24	16
62	乳山市	371083	1	0
63	日照市	371100	108	5
64	市辖区	371101	28	0
65	东港区	371102	80	5

科技著作	形成国家或行业标准数	集成电路布图设计登记数	植物新品种权授予数	软件著作权数	新药证书数
种	项	件	项	件	件
0	0	0	0	2	0
22	4	0	2	77	0
0	0	0	0	0	0
3	0	0	0	0	0
14	3	0	2	67	0
4	0	0	0	8	0
0	0	0	0	1	0
0	1	0	0	1	0
1	0	0	0	0	0
1	0	0	1	15	0
0	0	0	1	4	0
0	0	0	0	0	0
0	0	0	0	6	0
1	0	0	0	5	0
0	0	0	0	0	0
0	0	0	0	0	0
0	0	0	0	0	0
5	1	0	6	10	0
1	0	0	0	2	0
4	0	0	6	0	0
0	0	0	0	6	0
0	1	0	0	2	0
9	1	0	12	44	0
8	1	0	12	36	0
1	0	0	0	8	0
0	3	0	1	3	0
0	3	0	1	0	0
0	0	0	0	3	0
0	0	0	0	0	0
0	0	0	0	0	0
0	3	0	1	2	0
0	1	0	0	2	0
0	2	0	1	0	0

序号	指标	行号	科技论文	#国外发表
			篇	篇
66	临沂市	371300	109	5
67	市辖区	371301	69	0
68	兰山区	371302	35	3
69	河东区	371312	5	2
70	莒南县	371327	0	0
71	德州市	371400	51	0
72	市辖区	371401	42	0
73	禹城市	371482	9	0
74	聊城市	371500	21	0
75	市辖区	371501	21	0
76	滨州市	371600	60	12
77	市辖区	371601	60	12
78	菏泽市	371700	87	15
79	市辖区	371701	29	0
80	牡丹区	371702	28	14
81	菏泽经济技术开发区	371771	30	1
82	2.按机构所属隶属关系分布			
83	中央部门属	010	2964	2221
84	中国科学院	011	1702	1511
85	非中央部门属	020	5858	2293
86	省级部门属	021	3451	1393
87	副省级城市属	022	894	398
88	地市级部门属	023	1120	213
89	3.按机构从事的国民经济行业分布			
90	科学研究和技术服务业	M	8822	4514
91	研究和试验发展	73	7830	4362
92	专业技术服务业	74	822	79
93	科技推广和应用服务业	75	170	73
94	4.按机构服务的国民经济行业分布			
95	农、林、牧、渔业	A	1690	592
96	农业	01	667	224
97	林业	02	135	15
98	畜牧业	03	53	22

科技著作	形成国家或行业标准数	集成电路布图设计登记数	植物新品种权授予数	软件著作权数	新药证书数
种	项	件	项	件	件
14	0	0	1	71	0
1	0	0	1	57	0
13	0	0	0	4	0
0	0	0	0	8	0
0	0	0	0	2	0
2	0	0	1	0	0
2	0	0	1	0	0
0	0	0	0	0	0
0	9	0	0	11	0
0	9	0	0	11	0
1	2	0	0	34	0
1	2	0	0	34	0
1	0	0	7	0	0
0	0	0	7	0	0
0	0	0	0	0	0
1	0	0	0	0	0
57	42	0	0	199	0
12	4	0	0	36	0
178	223	0	90	1005	1
99	147	0	54	588	1
29	34	0	6	136	0
48	28	0	30	146	0
235	265	0	90	1204	1
186	189	0	90	1037	1
45	65	0	0	125	0
4	11	0	0	42	0
51	57	0	35	304	1
31	19	0	22	131	0
3	2	0	13	11	0
2	0	0	0	2	1

序号	指标	行号	科技论文 篇	#国外发表 篇
99	渔业	04	607	279
100	农、林、牧、渔专业及辅助性活动	05	228	52
101	制造业	C	704	256
102	农副食品加工业	13	2	0
103	食品制造业	14	60	30
104	纺织业	17	1	0
105	皮革、毛皮、羽毛及其制品和制鞋业	19	5	0
106	造纸和纸制品业	22	24	0
107	化学原料和化学制品制造业	26	111	50
108	医药制造业	27	253	84
109	化学纤维制造业	28	1	0
110	黑色金属冶炼和压延加工业	31	0	0
111	专用设备制造业	35	86	10
112	汽车制造业	36	3	0
113	铁路、船舶、航空航天和其他运输设备制造业	37	14	0
114	计算机、通信和其他电子设备制造业	39	9	2
115	仪器仪表制造业	40	135	80
116	建筑业	E	2	0
117	房屋建筑业	47	2	0
118	交通运输、仓储和邮政业	G	145	22
119	铁路运输业	53	8	0
120	道路运输业	54	137	22
121	信息传输、软件和信息技术服务业	I	160	75
122	软件和信息技术服务业	65	160	75
123	科学研究和技术服务业	M	5632	3395
124	研究和试验发展	73	3561	2276
125	专业技术服务业	74	1963	1074
126	科技推广和应用服务业	75	108	45
127	水利、环境和公共设施管理业	N	189	57
128	水利管理业	76	50	3
129	生态保护和环境治理业	77	136	54
130	公共设施管理业	78	3	0
131	教育	P	6	0

续表

科技著作	形成国家或行业标准数	集成电路布图设计登记数	植物新品种权授予数	软件著作权数	新药证书数
种	项	件	项	件	件
13	18	0	0	100	0
2	18	0	0	60	0
11	90	0	0	91	0
0	0	0	0	0	0
1	0	0	0	0	0
0	2	0	0	0	0
0	0	0	0	0	0
0	0	0	0	0	0
2	3	0	0	0	0
5	28	0	0	50	0
0	0	0	0	0	0
0	0	0	0	2	0
1	28	0	0	19	0
0	0	0	0	0	0
0	0	0	0	0	0
1	28	0	0	0	0
1	1	0	0	20	0
3	2	0	0	0	0
3	2	0	0	0	0
7	1	0	0	25	0
0	0	0	0	1	0
7	1	0	0	24	0
2	21	0	0	140	0
2	21	0	0	140	0
153	84	0	55	549	0
97	43	0	55	354	0
51	31	0	0	162	0
5	10	0	0	33	0
6	1	0	0	95	0
4	0	0	0	72	0
2	1	0	0	23	0
0	0	0	0	0	0
1	0	0	0	0	0

序号	指标	行号	科技论文	#国外发表
			篇	篇
132	教育	83	6	0
133	卫生和社会工作	Q	265	117
134	卫生	84	265	117
135	文化、体育和娱乐业	R	28	0
136	文化艺术业	88	28	0
137	公共管理、社会保障和社会组织	S	1	0
138	国家机构	92	1	0
139	5.按机构所属学科分布			
140	自然科学	A	2628	1834
141	信息科学与系统科学	120	26	8
142	物理学	140	33	18
143	化学	150	135	93
144	地球科学	170	2182	1517
145	生物学	180	252	198
146	农业科学	B	2264	832
147	农学	210	1316	464
148	林学	220	145	17
149	畜牧、兽医科学	230	160	68
150	水产学	240	643	283
151	医学科学	C	820	381
152	基础医学	310	84	58
153	临床医学	320	187	90
154	预防医学与公共卫生学	330	50	18
155	药学	350	343	170
156	中医学与中药学	360	156	45
157	工程与技术科学	D	2867	1447
158	工程与技术科学基础学科	410	288	31
159	信息与系统科学相关工程与技术	413	88	36
160	自然科学相关工程与技术	416	277	158
161	测绘科学技术	420	37	3
162	材料科学	430	222	168
163	冶金工程技术	450	0	0
164	机械工程	460	27	4

续表

科技著作	形成国家或行业标准数	集成电路布图设计登记数	植物新品种权授予数	软件著作权数	新药证书数
种	项	件	项	件	件
1	0	0	0	0	0
0	9	0	0	0	0
0	9	0	0	0	0
1	0	0	0	0	0
1	0	0	0	0	0
0	0	0	0	0	0
0	0	0	0	0	0
79	16	0	0	190	0
2	0	0	0	36	0
1	0	0	0	2	0
6	3	0	0	0	0
69	7	0	0	148	0
1	6	0	0	4	0
75	73	0	90	374	1
52	50	0	77	212	0
3	2	0	13	12	0
6	2	0	0	49	1
14	19	0	0	101	0
15	36	0	0	60	0
0	0	0	0	0	0
0	8	0	0	0	0
0	1	0	0	0	0
5	25	0	0	50	0
10	2	0	0	10	0
56	140	0	0	578	0
7	28	0	0	80	0
0	1	0	0	43	0
7	7	0	0	25	0
1	0	0	0	20	0
2	30	0	0	17	0
0	0	0	0	2	0
2	0	0	0	0	0

序号	指标	行号	科技论文	
				#国外发表
			篇	篇
165	动力与电气工程	470	23	15
166	能源科学技术	480	585	539
167	核科学技术	490	10	9
168	电子与通信技术	510	150	80
169	计算机科学技术	520	133	90
170	化学工程	530	86	19
171	产品应用相关工程与技术	535	0	0
172	纺织科学技术	540	2	0
173	食品科学技术	550	39	25
174	土木建筑工程	560	39	3
175	水利工程	570	50	3
176	交通运输工程	580	145	22
177	环境科学技术及资源科学技术	610	410	202
178	安全科学技术	620	108	5
179	管理学	630	148	35
180	人文与社会科学	E	243	20
181	艺术学	760	30	0
182	考古学	780	28	0
183	社会学	840	123	7
184	图书馆、情报与文献学	870	56	13
185	教育学	880	6	0
186	6.按机构从业人员规模分布			
187	≥1000人	00	304	159
188	500~999人	01	2437	1868
189	300~499人	02	927	455
190	200~299人	03	1038	432
191	100~199人	04	2300	831
192	50~99人	05	1292	539
193	30~49人	06	255	115
194	20~29人	07	94	23
195	10~19人	08	160	84
196	0~9人	09	15	8

续表

科技著作	形成国家或行业 标准数	集成电路布图 设计登记数	植物新品种 权授予数	软件著作 权数	新药证书数
种	项	件	项	件	件
0	0	0	0	1	0
0	0	0	0	14	0
0	0	0	0	8	0
3	31	0	0	20	0
2	22	0	0	159	0
1	2	0	0	0	0
0	5	0	0	27	0
0	2	0	0	0	0
1	1	0	0	0	0
3	1	0	0	10	0
4	0	0	0	72	0
7	1	0	0	25	0
7	1	0	0	42	0
5	2	0	0	5	0
4	6	0	0	8	0
10	0	0	0	2	0
5	0	0	0	0	0
1	0	0	0	0	0
3	0	0	0	0	0
0	0	0	0	2	0
1	0	0	0	0	0
8	9	0	39	33	0
42	30	0	0	146	0
37	33	0	0	121	0
32	62	0	2	176	0
64	78	0	32	483	0
30	34	0	8	158	1
18	4	0	9	35	0
2	4	0	0	25	0
2	9	0	0	26	0
0	2	0	0	1	0

表 20　对外

序号	指标	行号	合计	科技成果的示范性推广工作
1	总计	00	7195	1115
2	1.按机构所属地域分布			
3	山东省	370000	7195	1115
4	济南市	370100	3241	386
5	历下区	370102	693	64
6	市中区	370103	292	65
7	槐荫区	370104	185	1
8	天桥区	370105	208	24
9	历城区	370112	1065	142
10	济阳区	370115	11	2
11	平阴县	370124	2	1
12	济南高新技术产业开发区	370171	785	87
13	青岛市	370200	1460	302
14	市辖区	370201	20	10
15	市南区	370202	198	12
16	市北区	370203	88	2
17	黄岛区	370211	81	15
18	崂山区	370212	446	61
19	李沧区	370213	71	27
20	城阳区	370214	179	43
21	即墨区	370215	351	130
22	青岛高新技术产业开发区	370271	23	2
23	莱西市	370285	3	0
24	淄博市	370300	209	11
25	市辖区	370301	86	10
26	张店区	370303	122	0
27	周村区	370306	1	1
28	枣庄市	370400	31	4
29	薛城区	370403	4	0

科技服务（2022 年）

计量单位：人年

为用户提供可行性报告、技术方案、建议及进行技术论证等技术咨询工作	地形、地质和水文考察、天文、气象和地震的日常观察	为社会和公众提供的检验、检疫、测试、标准化、计量、计算、质量控制和专利服务	科技信息文献服务	提供孵化、平台搭建等科技服务活动	科学普及	其他科技服务活动
2006	413	1987	285	268	544	577
2006	413	1987	285	268	544	577
1019	238	938	138	109	180	233
214	2	312	43	24	21	13
65	28	15	13	10	76	20
36	0	34	0	0	4	110
66	0	67	13	16	6	16
249	196	285	65	13	48	67
2	0	1	0	0	1	5
1	0	0	0	0	0	0
386	12	224	4	46	24	2
394	117	208	60	50	214	115
0	0	0	0	5	0	5
44	11	20	16	8	49	38
6	0	45	7	0	28	0
27	0	0	0	0	11	28
195	80	41	3	8	58	0
7	0	5	0	9	3	20
47	0	46	22	10	4	7
61	26	39	12	6	60	17
7	0	12	0	1	1	0
0	0	0	0	3	0	0
26	0	143	8	8	3	10
26	0	31	4	7	3	5
0	0	112	4	1	0	5
0	0	0	0	0	0	0
7	0	0	4	10	3	3
2	0	0	2	0	0	0

序号	指标	行号	合计	科技成果的示范性推广工作
30	滕州市	370481	27	4
31	东营市	370500	30	12
32	市辖区	370501	7	4
33	东营区	370502	10	6
34	垦利区	370505	13	2
35	烟台市	370600	330	70
36	市辖区	370601	10	1
37	芝罘区	370602	60	16
38	福山区	370611	113	23
39	莱山区	370613	81	18
40	蓬莱区	370614	16	5
41	烟台高新技术产业开发区	370671	30	4
42	烟台经济技术开发区	370672	20	3
43	潍坊市	370700	227	13
44	市辖区	370701	13	4
45	潍城区	370702	8	0
46	寒亭区	370703	147	0
47	坊子区	370704	11	2
48	奎文区	370705	17	1
49	寿光市	370783	27	2
50	昌邑市	370786	4	4
51	济宁市	370800	440	30
52	市辖区	370801	113	0
53	任城区	370811	32	26
54	兖州区	370812	266	0
55	微山县	370826	12	1
56	济宁高新技术产业开发区	370871	12	2
57	邹城市	370883	5	1
58	泰安市	370900	225	66
59	泰山区	370902	159	46
60	岱岳区	370911	66	20

为用户提供可行性报告、技术方案、建议及进行技术论证等技术咨询工作	地形、地质和水文考察、天文、气象和地震的日常观察	为社会和公众提供的检验、检疫、测试、标准化、计量、计算、质量控制和专利服务	科技信息文献服务	提供孵化、平台搭建等科技服务活动	科学普及	其他科技服务活动
5	0	0	2	10	3	3
1	1	1	0	2	4	9
0	0	1	0	0	2	0
1	0	0	0	2	1	0
0	1	0	0	0	1	9
60	8	63	22	29	31	47
0	0	4	4	0	1	0
9	0	3	1	2	11	18
33	1	36	2	3	9	6
9	3	6	1	21	3	20
2	4	0	0	0	3	2
2	0	11	9	1	3	0
5	0	3	5	2	1	1
10	0	168	8	2	12	14
4	0	0	2	0	2	1
0	0	0	0	0	8	0
0	0	147	0	0	0	0
0	0	8	0	0	1	0
0	0	0	5	0	0	11
6	0	13	1	2	1	2
0	0	0	0	0	0	0
257	0	113	0	14	6	20
7	0	93	0	0	2	11
0	0	0	0	0	2	4
246	0	20	0	0	0	0
1	0	0	0	4	2	4
3	0	0	0	7	0	0
0	0	0	0	3	0	1
59	15	9	10	15	36	15
41	0	9	10	15	23	15
18	15	0	0	0	13	0

序号	指标	行号	合计	科技成果的示范性推广工作
61	威海市	371000	135	48
62	市辖区	371001	79	5
63	环翠区	371002	6	5
64	文登区	371003	13	5
65	荣成市	371082	34	30
66	乳山市	371083	3	3
67	日照市	371100	274	41
68	市辖区	371101	146	11
69	东港区	371102	128	30
70	临沂市	371300	252	57
71	市辖区	371301	48	33
72	兰山区	371302	173	1
73	河东区	371312	30	22
74	莒南县	371327	1	1
75	德州市	371400	57	16
76	市辖区	371401	44	10
77	齐河县	371425	9	3
78	禹城市	371482	4	3
79	聊城市	371500	12	1
80	市辖区	371501	12	1
81	滨州市	371600	70	19
82	市辖区	371601	70	19
83	菏泽市	371700	202	39
84	市辖区	371701	80	38
85	牡丹区	371702	9	1
86	菏泽经济技术开发区	371771	113	0
87	2.按机构所属隶属关系分布			
88	中央部门属	010	791	111
89	中国科学院	011	131	28
90	非中央部门属	020	6404	1004
91	省级部门属	021	3633	421

续表

为用户提供可行性报告、技术方案、建议及进行技术论证等技术咨询工作	地形、地质和水文考察、天文、气象和地震的日常观察	为社会和公众提供的检验、检疫、测试、标准化、计量、计算、质量控制和专利服务	科技信息文献服务	提供孵化、平台搭建等科技服务活动	科学普及	其他科技服务活动
12	0	50	10	1	7	7
12	0	48	10	0	2	2
0	0	0	0	0	0	1
0	0	2	0	1	5	0
0	0	0	0	0	0	4
0	0	0	0	0	0	0
12	1	156	6	5	19	34
0	0	125	0	0	5	5
12	1	31	6	5	14	29
133	33	10	3	3	7	6
3	0	0	0	2	4	6
126	33	9	2	0	2	0
4	0	1	1	1	1	0
0	0	0	0	0	0	0
0	0	3	2	1	1	34
0	0	0	0	0	0	34
0	0	2	2	1	1	0
0	0	1	0	0	0	0
0	0	0	5	1	3	2
0	0	0	5	1	3	2
5	0	9	3	8	13	13
5	0	9	3	8	13	13
11	0	116	6	10	5	15
9	0	4	6	6	5	12
2	0	2	0	1	0	3
0	0	110	0	3	0	0
334	84	107	38	15	59	43
18	14	21	16	10	16	8
1672	329	1880	247	253	485	534
1206	303	1014	147	56	240	246

序号	指标	行号	合计	科技成果的示范性推广工作
92	副省级城市属	022	693	116
93	地市级部门属	023	1567	320
94	3.按机构从事的国民经济行业分布			
95	科学研究和技术服务业	M	7195	1115
96	研究和试验发展	73	4187	713
97	专业技术服务业	74	2581	201
98	科技推广和应用服务业	75	427	201
99	4.按机构服务的国民经济行业分布			
100	农、林、牧、渔业	A	843	307
101	农业	01	288	132
102	林业	02	52	31
103	畜牧业	03	55	11
104	渔业	04	256	47
105	农、林、牧、渔专业及辅助性活动	05	192	86
106	制造业	C	842	210
107	农副食品加工业	13	10	4
108	食品制造业	14	79	21
109	纺织业	17	12	0
110	皮革、毛皮、羽毛及其制品和制鞋业	19	2	0
111	造纸和纸制品业	22	11	0
112	化学原料和化学制品制造业	26	110	17
113	医药制造业	27	155	2
114	黑色金属冶炼和压延加工业	31	1	1
115	专用设备制造业	35	351	122
116	汽车制造业	36	7	1
117	铁路、船舶、航空航天和其他运输设备制造业	37	15	5
118	计算机、通信和其他电子设备制造业	39	13	1
119	仪器仪表制造业	40	76	36
120	建筑业	E	43	0
121	房屋建筑业	47	43	0
122	交通运输、仓储和邮政业	G	68	9

续表

为用户提供可行性报告、技术方案、建议及进行技术论证等技术咨询工作	地形、地质和水文考察、天文、气象和地震的日常观察	为社会和公众提供的检验、检疫、测试、标准化、计量、计算、质量控制和专利服务	科技信息文献服务	提供孵化、平台搭建等科技服务活动	科学普及	其他科技服务活动
230	18	109	20	65	92	43
130	3	725	57	75	96	161
2006	413	1987	285	268	544	577
1179	50	990	244	190	364	457
788	358	984	38	20	145	47
39	5	13	3	58	35	73
128	6	118	19	40	87	138
21	2	23	18	15	39	38
4	0	1	1	0	8	7
9	0	2	0	1	2	30
76	4	73	0	1	20	35
18	0	19	0	23	18	28
174	0	338	26	12	43	39
2	0	1	0	1	1	1
1	0	42	15	0	0	0
2	0	4	4	0	2	0
0	0	0	0	0	0	2
4	0	4	3	0	0	0
8	0	63	4	3	8	7
107	0	42	0	3	1	0
0	0	0	0	0	0	0
25	0	160	0	3	21	20
2	0	0	0	2	1	1
7	0	0	0	0	1	2
1	0	0	0	0	8	3
15	0	22	0	0	0	3
0	0	22	0	0	21	0
0	0	22	0	0	21	0
31	0	6	8	4	3	7

序号	指标	行号	合计	科技成果的示范性推广工作
123	铁路运输业	53	3	3
124	道路运输业	54	65	6
125	信息传输、软件和信息技术服务业	I	75	17
126	软件和信息技术服务业	65	75	17
127	租赁和商务服务业	L	6	0
128	商务服务业	72	6	0
129	科学研究和技术服务业	M	4827	530
130	研究和试验发展	73	1685	334
131	专业技术服务业	74	2861	118
132	科技推广和应用服务业	75	281	78
133	水利、环境和公共设施管理业	N	251	21
134	水利管理业	76	122	15
135	生态保护和环境治理业	77	107	6
136	公共设施管理业	78	22	0
137	卫生和社会工作	Q	160	1
138	卫生	84	160	1
139	文化、体育和娱乐业	R	53	0
140	文化艺术业	88	53	0
141	公共管理、社会保障和社会组织	S	27	20
142	国家机构	92	27	20
143	5.按机构所属学科分布			
144	自然科学	A	1453	51
145	信息科学与系统科学	120	37	4
146	物理学	140	19	0
147	化学	150	138	3
148	地球科学	170	1109	26
149	生物学	180	150	18
150	农业科学	B	1252	424
151	农学	210	725	262
152	林学	220	77	33
153	畜牧、兽医科学	230	95	27

续表

为用户提供可行性报告、技术方案、建议及进行技术论证等技术咨询工作	地形、地质和水文考察、天文、气象和地震的日常观察	为社会和公众提供的检验、检疫、测试、标准化、计量、计算、质量控制和专利服务	科技信息文献服务	提供孵化、平台搭建等科技服务活动	科学普及	其他科技服务活动
0	0	0	0	0	0	0
31	0	6	8	4	3	7
23	2	9	0	8	9	7
23	2	9	0	8	9	7
0	0	0	0	0	6	0
0	0	0	0	0	6	0
1495	400	1400	225	202	299	276
475	31	269	156	120	146	154
988	369	1125	53	28	133	47
32	0	6	16	54	20	75
98	5	90	5	2	27	3
65	2	36	2	0	2	0
33	3	54	3	2	5	1
0	0	0	0	0	20	2
5	0	4	2	0	41	107
5	0	4	2	0	41	107
45	0	0	0	0	8	0
45	0	0	0	0	8	0
7	0	0	0	0	0	0
7	0	0	0	0	0	0
780	114	251	30	16	159	52
10	1	4	2	6	8	2
4	0	6	0	0	9	0
11	0	118	0	2	4	0
731	113	79	28	5	106	21
24	0	44	0	3	32	29
180	6	156	82	57	132	215
81	2	73	81	38	70	118
5	0	1	1	0	28	9
11	0	8	0	3	10	36

序号	指标	行号	合计	科技成果的示范性推广工作
154	水产学	240	355	102
155	医学科学	C	420	5
156	基础医学	310	19	1
157	临床医学	320	151	0
158	预防医学与公共卫生学	330	22	0
159	药学	350	217	4
160	中医学与中药学	360	11	0
161	工程与技术科学	D	3876	625
162	工程与技术科学基础学科	410	729	82
163	信息与系统科学相关工程与技术	413	52	25
164	自然科学相关工程与技术	416	284	97
165	测绘科学技术	420	480	62
166	材料科学	430	276	69
167	冶金工程技术	450	1	1
168	机械工程	460	57	5
169	动力与电气工程	470	16	8
170	能源科学技术	480	74	29
171	核科学技术	490	7	2
172	电子与通信技术	510	113	45
173	计算机科学技术	520	103	25
174	化学工程	530	200	41
175	产品应用相关工程与技术	535	126	39
176	纺织科学技术	540	12	0
177	食品科学技术	550	100	13
178	水利工程	570	122	15
179	交通运输工程	580	68	9
180	航空、航天科学技术	590	9	3
181	环境科学技术及资源科学技术	610	339	29
182	安全科学技术	620	275	10
183	管理学	630	433	16
184	人文与社会科学	E	194	10

续表

为用户提供可行性报告、技术方案、建议及进行技术论证等技术咨询工作	地形、地质和水文考察、天文、气象和地震的日常观察	为社会和公众提供的检验、检疫、测试、标准化、计量、计算、质量控制和专利服务	科技信息文献服务	提供孵化、平台搭建等科技服务活动	科学普及	其他科技服务活动
83	4	74	0	16	24	52
151	0	82	12	8	50	112
0	0	13	0	0	4	1
0	0	4	0	0	40	107
21	0	0	0	0	1	0
127	0	61	12	5	4	4
3	0	4	0	3	1	0
835	293	1486	122	171	181	163
66	0	481	48	28	12	12
16	2	0	0	4	3	2
26	45	58	5	22	11	20
59	223	40	10	6	60	20
34	0	126	6	17	21	3
0	0	0	0	0	0	0
14	0	10	6	10	2	10
2	0	6	0	0	0	0
18	0	8	1	4	8	6
2	0	1	0	0	1	1
29	0	35	0	0	0	4
44	0	9	0	13	7	5
12	0	103	21	8	2	13
22	0	2	1	28	3	31
2	0	4	4	0	2	0
36	0	27	6	9	4	5
65	2	36	2	0	1	0
31	0	6	8	4	3	7
5	0	0	0	0	1	0
163	21	95	4	4	19	4
7	0	235	0	0	7	16
182	0	204	0	14	13	4
60	0	12	39	16	22	35

序号	指标	行号	合计	科技成果的示范性推广工作
185	考古学	780	53	0
186	经济学	790	6	0
187	图书馆、情报与文献学	870	135	10
188	6.按机构从业人员规模分布			
189	≥ 1000 人	00	177	48
190	500～999 人	01	1137	35
191	300～499 人	02	658	39
192	200～299 人	03	859	242
193	100～199 人	04	2658	262
194	50～99 人	05	858	225
195	30～49 人	06	364	81
196	20～29 人	07	216	39
197	10～19 人	08	171	71
198	0～9 人	09	97	73

续表

为用户提供可行性报告、技术方案、建议及进行技术论证等技术咨询工作	地形、地质和水文考察、天文、气象和地震的日常观察	为社会和公众提供的检验、检疫、测试、标准化、计量、计算、质量控制和专利服务	科技信息文献服务	提供孵化、平台搭建等科技服务活动	科学普及	其他科技服务活动
45	0	0	0	0	8	0
0	0	0	0	0	6	0
15	0	12	39	16	8	35
11	0	24	58	3	15	18
710	44	250	17	12	33	36
154	237	89	12	2	101	24
194	34	230	25	17	78	39
571	85	1145	84	69	151	291
204	6	136	38	79	93	77
84	2	60	21	38	41	37
39	4	38	16	29	22	29
37	0	9	11	14	7	22
2	1	6	3	5	3	4